Der Austauschbau, also die Verwendung gleicher Einzelteile bei verschiedenen Konstruktionen, führt zur Rationalisierung im Maschinenbau, Apparatebau und der Metall-Industrie. Austauschbare Einzelteile finden sich in besonders großer Zahl als „Bausteine" im „Baukastensystem". Voraussetzung dafür ist deren zumindest interne Normung. Die vorliegende Schrift behandelt alle mit dem Baukastensystem verbundenen Fragen und bringt 21 Beispiele aus der Industrie.

Das Baukastensystem in der Technik

Wissenschaftliche Normung

Schriftenreihe, herausgegeben in Verbindung mit dem Seminar für Technische Normung an der Technischen Hochschule Hannover von Professor Dr.-Ing. Dr.-Ing. E. h. Otto Kienzle

5

Das Baukastensystem in der Technik

Von

Dr.-Ing. Karl-Heinz Borowski
Bochum

Mit 41 Abbildungen

Springer-Verlag
Berlin / Göttingen / Heidelberg
1961

ISBN-13: 978-3-540-02774-4 e-ISBN-13: 978-3-642-48735-4
DOI: 10.1007/978-3-642-48735-4

Geleitwort

Das Baukastensystem ist in der Industrie so bekannt, daß man fragen könnte, welchen Sinn es habe, darüber eine Monographie zu schreiben. Entsprungen ist es der natürlichen Anschauung über Elementarisierung und Kombination und seit der Jahrhundertwende ist es bewußt in mannigfachen Formen verwirklicht worden.

In Wirklichkeit ist es viel älter und zeigt seine großartige Vollendung im System der Buchstaben und Zahlen. Sprang es dann aus der geistigen Entwicklung zum Bau, zum Spielzeug, zu Geräten und Maschinen und damit zum bewußten technischen Schaffen über, so mußte es sich lohnen, über das Wesen dieses nach dem Kinderbaukasten benannten Systems nachzudenken.

Diese Betrachtung gehört wie die in Heft 3 dieser Schriftenreihe von A. Nasvytis mehr theoretisch behandelte Kombinatorik in die Schriftenreihe „Wissenschaftliche Normung", weil das auf der Kombinatorik aufbauende Baukastensystem eine bedeutsame und eigenartige Form der Normung ist. Es lehrt die bewußte Auflösung ganzheitlich gesehener Gegenstände in Elemente, die sich in möglichst vielen anderen Kombinationen wiederholen. Dadurch teilen sie mit den DIN-Normteilen die wirtschaftliche Herstellung in großen Mengen und die Austauschbarkeit zwecks vielseitiger Verwendung.

Geht dieses Ordnungsprinzip quer durch das gesamte technische Schaffen, so liefert seine systematische Durcharbeitung einen Beitrag zu einer allgemeinen Konstruktionslehre und wirkt der spezialisierten Betrachtung der einzelnen Sparten entgegen.

Möge das Büchlein in diesem Sinne dem Konstruktionsingenieur der Praxis ebenso dienen wie der Ausbildung an Ingenieurschulen und Hochschulen!

Hannover, im September 1961

Otto Kienzle

Vorwort

Die Zusammenstellung verschiedener Erzeugnisse aus „Bausteinen" ist zu einem weit verbreiteten Verfahren geworden. Das Wort „Baukastensystem" hat sich im Wortschatz der Technik fest verankert und die Werbung benutzt es ausgiebig, obwohl dieses System noch kaum wissenschaftlich untersucht worden ist.

Die Anregung zu einer solchen Untersuchung verdanke ich Herrn Professor Dr.-Ing. KIENZLE, in dessen „Seminar für Technische Normung" der enge Zusammenhang zwischen Baukastensystem und Normung bereits klar erkannt war.

Ausgehend vom Spielzeugbaukasten des Kindes werden die Begriffe hergeleitet, wobei sich logisch die Frage ergibt, ob nicht in manchen Bereichen der Technik schon von altersher bewußt oder unbewußt ein Baukastensystem benutzt wird. Es zeigt sich, daß die Möglichkeit des Austauschbaues Bedingung für die Benutzung eines Baukastens ist und daß Baukästen auch außerhalb des Bereiches der Technik vorhanden sind. Aus diesen Betrachtungen ergeben sich Definitionen aller benötigten Begriffe, so daß eine Ordnung der verschiedenen Baukastenarten möglich wird. Dabei erscheinen besonders die Verflechtungen und Verschachtelungen von Baukästen interessant. Sie führen zum Begriff des Auflösungsgrades und lassen die Bedeutung der Normung für das Baukastensystem deutlich werden. Die kennzeichnenden Eigenschaften des Systems und der Baukastenarten werden besprochen und anhand einer Reihe von Beispielen erläutert.

Herzlichen Dank schulde ich Herrn Professor Dr.-Ing. KIENZLE für viele wertvolle Anregungen zur Systematisierung und Vertiefung in das Thema. Den Industrie-Unternehmen, die mir bereitwillig Einblick in ihre Fertigungsweise ermöglichten und dadurch Untersuchungsstoff und Beispiele boten, danke ich ebenso herzlich. Ohne diese Unterstützung wäre der Zweck dieser Schrift kaum zu erreichen gewesen. Aus den Zusammenhängen und Gesetzmäßigkeiten, die der Verfasser aus seiner Untersuchung ableitete, war es möglich, Richtlinien für die Entwicklung neuer industrieller Baukästen zu schaffen. Der Verfasser hofft, daß Konstruktionsbüros, Planungs- und Verkaufsabteilungen sowie Betriebe, die baukastenartige Einrichtungen verwenden, Nutzen aus dieser Schrift ziehen. Sicherlich werden manche Leser weitere Anregungen zu geben haben; der Verfasser wird ihnen dafür dankbar sein.

Dem Springer-Verlag sei für die gute Ausstattung dieses Büchleins herzlich gedankt.

Bochum, im September 1961

Karl-Heinz Borowski

Inhaltsverzeichnis

Baukasten-Beschreibungen

Hinweis: [*1*] = Schrifttumsangabe in Abschn. 92

1 Die Aufgabe

Das Wort „Baukastensystem" hat seinen festen Platz im Wortschatz der Technik. Allmählich, aber stetig, hat es sich eingebürgert. Unter dem Begriff Baukastensystem stellt man sich den Aufbau technischer Dinge nach Art eines Spielzeugbaukastens vor. Man erkennt daran den engen Zusammenhang mit der Normung, für deren vereinfachendes Schaffen das Baukastensystem geradezu eine besondere Methodik darstellt. Die Aufgabe dieser Arbeit ist es,

die Gesetzmäßigkeiten des Baukastensystems herauszuarbeiten und Regeln für den zweckmäßigen Aufbau eines technisch-industriellen Baukastens zu schaffen.

2 Der Spielzeugbaukasten als Vorbild

Die Untersuchung beginnt an der Stelle, von der das Wort Baukasten entlehnt wurde, beim Baukasten des spielenden Kindes.

Spielzeugbaukästen sind allgemein als Stein-, Holz- oder Metallbaukästen bekannt und beliebt, da sie vielseitiger als viele andere Spielzeuge benutzbar sind und dem Kind reichliche Abwechslung verschaffen. Sie sind aus „Bausteinen" verschiedener Art, Form, Größe, Farbe usw. aufgebaut. Sie enthalten mehr oder minder viele gleiche Elemente, die wir, um im Bilde zu bleiben, „Steine" heißen. Jeder Stein ist mit einer oder mehreren Passstellen versehen, die einheitlich gestaltet sind, damit die Steine an ihnen wahllos aneinandergefügt werden können. Durch verschiedenartige Kombination der Bausteine ermöglichen diese Baukästen, eine Vielzahl verschiedener Gebilde aufzubauen. Zerlegt man diese Gebilde wieder, so können aus den wiedergewonnenen Bausteinen immer wieder andere „Bauten" zusammengestellt werden. Sie unterscheiden sich damit grundsätzlich von jedem anderen Spielzeug, das jeweils in einer einzigen Form und mit einer einzigen Bestimmung vorliegt.

Kennzeichen der Baukästen aus dem Spielzeugbereich sind demnach

der Bausteinvorrat, bestehend aus gleichen und verschiedenen Bausteinen;
die Vielzahl von Kombinationsmöglichkeiten;
die Zerlegbarkeit der aus Bausteinen aufgebauten Gebilde;
die Wiederverwendbarkeit der Bausteine;
die einheitlichen Passflächen oder Passstellen an jedem Baustein.

21 Natürliche und künstliche Baukästen

Man kann natürliche und künstliche Baukästen unterscheiden. Die natürlichen Baukästen bestehen ohne menschliches Zutun, künstliche Baukästen sind dagegen bewußt für bestimmte Zwecke geschaffen. Einige Beispiele mögen das zeigen.

MENDELEJEFF und MEYER entdeckten *das periodische System der Elemente* [*57*, *50*, *51*, *52*], das wohlgeordnet alle chemischen Elemente enthält, aus denen die uns bekannte Materie besteht. Als Baukasten ist diese Menge anzusprechen, weil aus den rund 100 bekannten Bausteinen Hunderttausende von chemischen Verbindungen hergestellt und diese auch wieder in ihre Bausteine zerlegt werden können. Man denke allein an die Kohlenwasserstoffe, zu deren Aufbau aus dem Bausteinvorrat der Atome im wesentlichen nur Kohlenstoff- und Wasserstoffatome in verschiedener Anzahl und Anordnung erforderlich sind.

Später zeigte es sich, daß die Atome nicht wie früher angenommen unzerlegbar sind, sondern, daß sie alle aus verschiedenen noch kleineren Bausteinen zusammengesetzt sind. Der Verdienst, dies erkannt und ausgewertet zu haben, gebührt in erster Linie dem dänischen Physiker NIELS BOHR, der eine Hypothese für den Atombau schuf, die heute als *Bohrsches Atommodell* bekannt ist. Seine Entdeckung ist ein weiterer Baukasten:

Alle Atome bestehen aus wenigen verschiedenen Urteilchen, hauptsächlich Protonen, Elektronen und Neutronen. Andere Urteilchen sind Mesotronen, Positronen und Neutrinos.

BOHR zeigte, daß Art und Eigenschaften allein davon abhängen, wieviele Protonen und Neutronen sich in seinem Kern befinden und wieviele Elektronen diesen Kern auf bestimmten Bahnen umkreisen. Das Bekanntwerden dieser Baukastenhypothese des Atombaus hatte zur Folge, daß der Mensch als Probe aufs Exempel versuchte, mit denselben Bausteinen neue Atome zu schaffen oder alte Atome zu verändern. Er schuf so die in der Natur nicht vorhandenen Elemente mit den Ordnungszahlen über 92, deren Existenzmöglichkeit man aus dem periodischen System der Elemente gefolgert hatte.

Die Veränderung eines Atoms durch Herausnehmen oder Hinzufügen eines oder mehrerer Bausteine bedeutet u. a. die Umwandlung von Blei in Gold. Der alte griechische Gedanke, alle Materie müsse sich auf dieselben Bausteine zurückführen lassen, wurde zweieinhalbtausend Jahre später durch den Atombaukasten der modernen Physiker bestätigt. –

Ein anderer, uns ganz geläufiger *Baukasten*, ist der *der Buchstaben*. Wir sind nicht gewohnt, ihn als solchen bezeichnet zu sehen. Ein Blick in einen Setzkasten zeigt aber sofort deutlich, wie richtig diese Ansicht ist. Mit einer beschränkten Anzahl von Lettern (Buchstaben)-Zeichen ist es uns möglich, viele verschiedene Wörter und Sätze zu bilden. Es sei an dieser Stelle an die Tatsache erinnert, daß die ältesten Schriften Bildschriften waren, aus denen sich allmählich Wortschriften und Buchstabenschriften entwickelten. Die Baukasteneigenart wird am Beispiel des „Steins von Rosetta" deutlich, der 1799 im Nil-Delta bei Rosetta (Bild 1) gefunden wurde und den gleichen Text in Hieroglyphen, demotischen Zeichen und griechischen Buchstaben aufweist. Nur weil die Einzelzeichen hier bereits Bausteincharakter hatten, war es dem Franzosen CHAMPOLLION 1822 möglich, die Hieroglyphen zu entziffern. Es gehört zu den größten Geistestaten der Menschheit, die Wörter in so wenige Urzeichen aufzulösen, daß man mit rund zwei Dutzend auskommt, um Millionen verschiedener Wörter zu bilden. Jene Erfindung mußte auf der mechanischen Ebene nach Tausenden von Jahren wiederholt werden, nämlich durch die Erfindung GUTENBERGS, die Wortbilder nun auch mechanisch in echte Bausteine, eben die Lettern aufzuteilen.

Bild 1. Hieroglyphen vom Stein von Rosetta

Wohl die ältesten künstlichen *Baukästen* sind die *der Zahlen*. Die Aufgabe, Dinge zu zählen, ist ebenso alt, wie die Menschheit selbst. Zweifellos muß es das Kennzeichen eines jeden Zahlensystems sein, aus einer kleinen Zahl verschiedener Zifferzeichen alle benötigten Zahlen kombinieren zu können. Ob es sich dabei um das alte Zwölfersystem handelt, ob es unser gewohntes Zehnersystem ist oder das für die Rechenmaschinen so wichtige Zweiersystem, ist dabei belanglos. Die Zusammenstellung einer Zahl aus verschiedenen Zifferzeichen, die in anderer Auswahl oder Anordnung eine andere Zahl bedeuten würden, läßt hier deutlich den Baukastencharakter erkennen.

Betrachtet man zum Beispiel das Zehnersystem, so sind die Ziffern 1 bis 9 und die Null die Bausteine, die zur Bildung aller ganzen Zahlen ausreichen. Die Rolle der Null ist dabei besonders interessant. weil sie außer ihrer zahlenmäßigen Bedeutung auch noch als Stellengeber dient. Damit nimmt die Null gegenüber den anderen neun Zifferzeichen eine bevorzugte Stellung im Zahlensystem ein. Daß das nicht so sein muß, zeigt die Tatsache, daß beispielsweise die Chinesen die Null nicht in dieser Bedeutung kennen. Die Null ist altindischen Ursprungs. Erst durch die Einführung dieses Zeichens für den Begriff „Nichts“ wurde der übersichtliche Aufbau der Zahlensysteme möglich. Ein Beispiel zeigt das deutlich:

Im römischen Zahlensystem, das die 0 nicht kennt, mußten die Zeichen V, X, L, C, D, M geschaffen werden und es ergeben sich unübersichtliche Zahlen.

1960 z. B. heißt MCMLX.

Im Zehnersystem bedeutet 1960:

$$1\cdot 10^3 + 9\cdot 10^2 + 6\cdot 10^1 + 0\cdot 10^0.$$

Nur durch die Verwendung der 0 ist es möglich, mit den 9 Zeichen $1\cdots 9$ auszukommen.

Komma, Bruchstrich, Wurzelzeichen, Hochsetzen des Potenzexponenten und andere Neuerungen haben den erfaßbaren Zahlenbereich später noch erheblich erweitert. –

Auch bei der *Notenschrift* wird das Baukastensystem benutzt und ermöglicht eine einfache und übersichtliche Darstellung aller Töne. Für den Bereich von drei Oktaven braucht man zum Beispiel zur Darstellung aller Töne die folgenden Zeichen (= Bausteine):

1 Zeichen für die Töne c′ bis c′′′′ in 22 verschiedenen Lagen zu den Notenlinien,

2 Zeichen für die Halbtöne (Kreuz und b),

4 Zeichen für die zusätzliche Kennzeichnung der Tonlänge (voller Kreis für halben Ton, 1, 2 und 3 Fähnchen für viertel, achtel und sechszehntel Töne).

Buchstaben, Zahlen und Noten lassen deutlich die Funktion des Baukastensystems als eines Zweiges der Normung erkennen. Sie erfüllen ihre Forderung, daß mit einer geringsten Anzahl verschiedener Elemente ein möglichst großer Nutzbereich überdeckt werde. Die Vereinfachung einer Aufgabe durch Verwendung genormter Bausteine ist klar zu erkennen.

Überschaut man das bisher Festgestellte, so kommt man logisch zu der Frage, ob man sich denn nicht auch im Bereich der Technik diese Aufbaumethode längst nutzbar gemacht hat.

Es scheint nahezuliegen, daß die Großbauten des Altertums aus „Bausteinen“ ausgeführt wurden. Man könnte an die Pyramiden denken, an die chinesische Große Mauer und an die Zyklopenmauern der griechischen Antike, denn alle diese Bauwerke bestanden ja aus einzelnen Steinen. Geht man der Frage nach, so stellt man jedoch fest, daß hier kein Baukastensystem vorlag. Jede Arbeit war damals reine Handwerksarbeit und jedes Stück damit individuell verschieden. Wenn wir bei dem arabischen Schriftsteller Abd-el-Latif (um 1100) lesen [*54*], daß sich in die Fugen der Quader „weder Nadel noch Haar“ schieben ließ, so heißt das modern ausgedrückt, daß ganz ausgezeichnete Passarbeit geleistet wurde. Damit ist aber auch gesagt, daß an einen Austausch nicht zu denken war und eben deshalb ist an diesen Bauten noch nichts vom Baukastensystem zu finden.

Das Baukastensystem fand man vielmehr da, wo die Bauten aus rohen oder gebrannten Ziegeln mit Einheitsformat errichtet wurden, nämlich in der steinlosen Ebene Mesopotamiens (Babylonien), in der syrischen Wüste, in Ägypten, Kleinasien und Griechenland. Hier fand man Ziegelbauten aus ältester Zeit. Offenbar ist die Ziegelei der „Industriezweig", der zuerst in der Lage war, austauschbare Teile, also Teile, die als Bausteine eines Baukastens brauchbar waren, zu fertigen.

Man hat zum Beispiel bei Dura-Europos (Euphrat) eine Stadtmauer aus der hellenistischen Zeit (etwa 300 v. Chr.) ausgegraben, die aus Ziegeln von $35 \times 52 \times 104$ cm Größe gebaut war. Das entspricht im damaligen Maßsystem dem Verhältnis 1 Fuß : $1^1/_2$ Fuß : 3 Fuß. Man beachte die zahlreichen, sich damit ergebenden Kombinationsmöglichkeiten! Eine Länge von 3 Fuß kann mit der Länge eines Steines, mit der Breite zweier Steine nebeneinander oder der Dicke dreier Steine nebeneinander erreicht werden.

Die römischen Steine seit etwa 400 v. Chr. waren Tuffblöcke aus den Steinbrüchen von Grotta Oscura am Tiber. Die Größen waren $60 \times 60 \times 120$ cm oder $60 \times 60 \times 180$ cm. Aus solchen Quadern bestand zum Beispiel die 5 m dicke Stadtmauer Roms zur Zeit der Republik. Wieder zeigen die einfachen Maßverhältnisse, wie reich die Kombinationsmöglichkeiten sind (Bild 2).

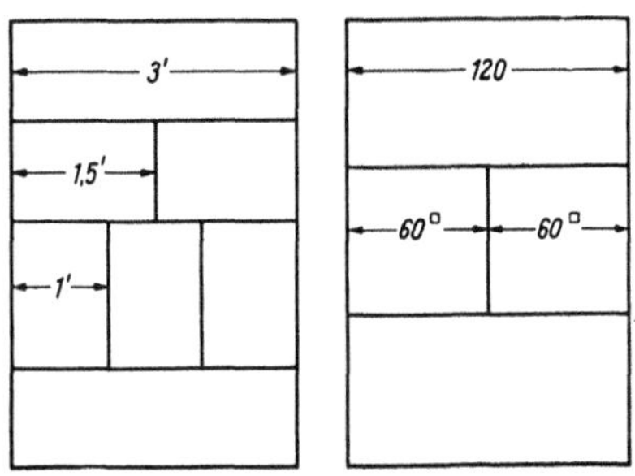

Bild 2. Hellenistische Ziegel, römische Tuffblöcke

Auch auf dem Gebiet der *Weberei* hat man schon sehr früh nach Baukastenart gearbeitet. Es können hier viele verschiedene Tuche hergestellt werden unter Benutzung eines kleinen Vorrates verschiedenfarbiger Fäden. Die Farbfolge der Kett- und Schußfäden bestimmt das Aussehen des fertigen Tuches. Von dieser Möglichkeit hat man bereits bei den alten Handwebstühlen Gebrauch gemacht, um eine Vielfalt von Tuchen zu bekommen. Moderne Webstühle arbeiten mit automatischer Steuerung der Kombinationen. Das Auswechseln der Steuerelemente (z. B. Lochstreifen) erlaubt die Herstellung verschiedener Tuche aus dem gleichen Garnvorrat.

Zu den ältesten Baukästen gehört weiter der *Gewichtsbaukasten*, der bestrebt ist, mit möglichst wenigen Einzelgewichten (= Bausteinen) in einem bestimmten Maßbereich eine lückenlose Folge von Gewichten mit festgelegter Stufung zu schaffen. Er ist uns noch heute in dieser Form geläufig.

Im Bereich der Technik fällt das Wort „Baukastensystem" zum erstenmal um 1900, als die Firma Soennecken ihre *Ideal-Bücher-Schränke* anbietet, die nach Baukastenart zusammenstellbar sind. Wie beim Spielzeugbaukasten liegen hier gewisse Elemente, Bausteinen vergleichbar vor, die eine Vielzahl von Kombinationen nach Wahl des Benutzers zulassen.

Es wurden Schrankabteile gleicher Breite in vier verschiedenen Größen, unterschiedlicher Höhe und Tiefe hergestellt. Sockel und Kopfstücke in drei Größen bildeten den Abschluß dieser Schränke nach unten und oben. Mit diesen zehn Bausteinen (Bild 3) war es möglich, eine

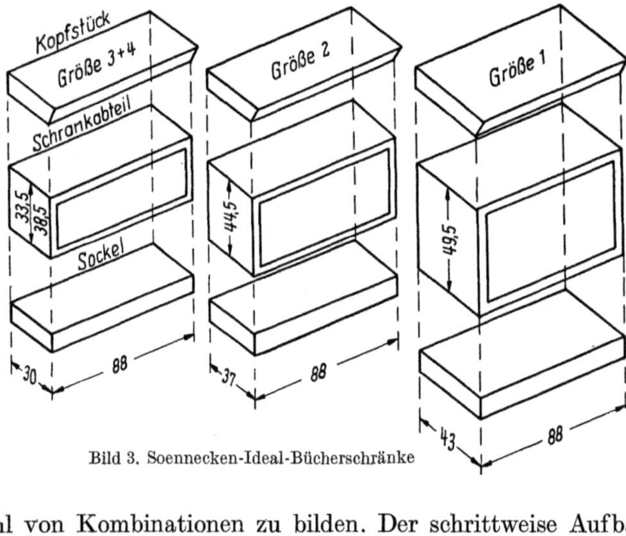

Bild 3. Soennecken-Ideal-Bücherschränke

Vielzahl von Kombinationen zu bilden. Der schrittweise Aufbau einer Bücherei war damit leicht zu bewerkstelligen, ohne daß zu irgendeiner Zeit die Schrankreihe unpraktisch erschien. Verschiedenen Buch- oder Aktengrößen konnte man sich durch die verschiedene Größe der Schrankabteile bequem anpassen. Verfeinert und erweitert wurde dieser Baukasten durch einen zweiten, der die Inneneinrichtung der Schrankabteile zu verändern gestattete.

Verhältnismäßig kurze Zeit später machte sich der Werkzeugmaschinenbau die Baukastenidee zunutze. Es war in den zwanziger Jahren die Firma Fritz Werner AG in Berlin, die ihre Fräsmaschinen in gewisse Baugruppen unterteilte und damit ihre Fertigung rationeller gestaltete. Diese Baugruppen wurden auf Vorrat gefertigt und auf Lager gelegt. Kam ein Kundenauftrag, so wurden die entsprechenden Gruppen vom

Lager entnommen und die Maschine zusammengebaut. Bei den Baukastenbeschreibungen (Abschn. 13) ist dieser Baukasten beschrieben.

Eine frühe und technisch sorgfältig durchdachte Baukasten-Anwendung boten in den Jahren 1927–1929 die Vereinigten Drehbankfabriken (VDF) mit ihrem Einheits-Spindelkasten für Drehmaschinen. Ihnen gelang es, die vielfältigen Wünsche und Forderungen, die an Drehmaschinen für verschiedenste Arbeitsbereiche gestellt werden, mit einem einzigen Spindelkasten zu erfüllen, für den 63 verschiedene Räder oder Radblöcke zur Verfügung standen, um mit deren Hilfe 60 verschiedene Getriebe für Leit- und Zugspindeldrehmaschinen, Revolverdrehmaschinen, Waagerecht-Tiefbohrmaschinen und Sonderdrehmaschinen zusammenbauen zu können.

Bei den Beschreibungen ist dieser Baukasten im Abschnitt 14 näher beschrieben.

Die betrachteten Beispiele zeigen deutlich, daß der Begriff des Baukastensystems nicht nur im Bereich mechanischer Gegenstände Gültigkeit hat. Es handelt sich hier offenbar um ein System, daß die Möglichkeit bietet, verschiedene Dinge aus den ihm zugehörigen Elementen zusammenzustellen. Es kann somit grundsätzlich dort benutzt werden, wo ein größeres Ganzes aus kleineren Teilen besteht oder wo es sich vorteilhaft in solche zerlegen läßt.

Der Baukasten erweist sich dabei als eine Sammlung von Bausteinen aus denen sich durch verschiedene Auswahl und Anordnung viele verschiedene Gebilde kombinieren lassen.

Die Arbeit beschränkt sich im folgenden auf die Baukästen in der Technik.

3 Das Wesen der Bausteine

Das Wort „Baustein“ wird allgemein im Sinne von „Element“ benutzt. Es wurde gewählt, weil es sich sinnvoll in eine Wortgruppe einordnet, deren führendes Wort „Baukasten“ geworden ist.

31 Die Passstelle der Bausteine

Bausteine, die aneinandergefügt werden sollen, müssen eine Passstelle aufweisen, damit sie zusammengefügt werden können. Je wichtiger eine feste Verbindung der einzelnen Bausteine ist, um so größer ist die Bedeutung der Passstelle und um so genauer muß sie ausgeführt sein.

Bei Anbaumöbeln ist die Passstelle die Berührungsfläche der aneinandergereihten Möbel, bei Endmaßen ist sie die Ansprengfläche der Blöcke, bei Werkzeugmaschinenbaueinheiten besteht sie aus der Fugenfläche mit den Schraubenlöchern.

Die Passstelle ist nicht bei allen Baukästen erforderlich. Sie kann entfallen, wenn das Zusammenfügen der Bausteine nicht in einem Aneinanderbefestigen besteht. Das ist beispielsweise bei Gewichtssätzen der Fall, denn hier werden ja die Gewichte lose auf eine Wagschale gelegt und damit das gewünschte Gewicht ohne festen Anschluß der Einzelteile aneinander erreicht. Hier ist man in der Gestaltung der Bausteine freier, weil auf die Passstelle keine Rücksicht genommen zu werden braucht. Die Gewichte werden deshalb so geformt, wie es für den Gebrauch am zweckmäßigsten ist: große Gewichte erhalten einen Griffknopf zur bequemen Handhabung, kleinere sind als einfache Zylinder, Scheiben, Kugeln oder Plättchen ausgeführt.

32 Der Hilfsbaustein

In vielen Fällen reicht das Vorhandensein einer Passstelle für die Benutzung der Bausteine nicht aus. Es werden noch sogenannte „Hilfsbausteine" gebraucht, die die Bausteine an den Passstellen verbinden. Obwohl sie nur eine Hilfsfunktion ausüben, so sind die Hilfsbausteine oft von entscheidender Bedeutung. Sie gewährleisten die feste Verbindung der Bausteine, sichern diese unter Umständen gegen Verdrehen und Verschieben, ermöglichen oder verhindern ein Wiederzerlegen oder gestatten einen Schnellwechsel. Sie übertragen Kräfte, erhalten die Steifigkeit beanspruchter Teile und sind maßgebend für die Höhe der Fügekosten.

Solche Hilfsbausteine sind zum Beispiel Schrauben und Nieten. Sie liegen in reicher Auswahl, nach DIN oder Werksnormen festgelegt, vor und erlauben in jedem Fall eine funktionsgerechte Verbindung der Bausteine. Besonders ausgeführte Hilfsbausteine ermöglichen zuweilen neue, vorteilhafte Bauweisen. So wurde zum Beispiel erst nach der Erfindung von Nieten, die von derselben Seite eingesetzt und geformt werden, das Nieten ohne Zugänglichkeit der Gegenseite möglich (Sprengniet, Blindniet).

33 Bevorzugte und gleichberechtigte Bausteine

Bereits bei den Zahlensystemen wurde festgestellt, daß der Null außer ihrer zahlenmäßigen Bedeutung noch eine zusätzliche Bedeutung als Stellengeber zugeschrieben wurde, so daß sie offenbar unter den anderen Ziffern eine bevorzugte Stellung einnimmt. Man wird zweckmäßig, wie es schon Nasvytis [*18*] vorschlug, zwischen bevorzugten und gleichberechtigten Bausteinen unterscheiden. Dabei soll das Wort „bevorzugt" zunächst allgemein bedeuten, daß solche Bausteine nicht mit den unter sich gleichberechtigten austauschbar seien. Ihr Vorzug besteht meist darin, daß nur sie eine bestimmte Funktion ausüben können. Gleichberechtigte Bausteine sind zum Beispiel die Endmaßstücke im Endmaßkasten, Gewichtsstücke, Wechselräder, Ziegel, Tellerfedern, Kondensatoren und Widerstände der Elektrotechnik, Anschlußklemmen, Rohre im Rohrgerüstbaukasten und viele andere Bausteine. Beispiele für bevorzugte Bausteine sind hingegen Meßschnäbel und Hartmetallendstücke für Endmaße, Kopfstücke und Sockel der Ideal-Bücherschränke, Getriebegehäuse in Getriebebaukästen, Halteschienen für Reihenklemmen oder Gestelleinheiten für Werkzeugmaschinen.

331 Gleichberechtigte Bausteine. Bei gleichberechtigten Bausteinen kann allein nach den Gesetzen der Kombinationslehre ausgesagt werden, wieviel Kombinationen aus einem bestimmten Bausteinevorrat gebildet werden können. Bezeichnet man mit

n	die Gesamtzahl aller gleichen und verschiedenen Bausteine,
k	die Anzahl der Bausteine je Gebilde,
N	die Anzahl möglicher Kombinationen und mit
z	die Zahl gleicher Bausteine, die für N Kombinationen erforderlich sind,

so sind folgende Kombinationen möglich:

a) Kombinationen ohne Wiederholung:

$$N = \binom{n}{k}$$

z. B. $k = 2$ $n = 5$

ab ac ad ae bc bd be cd ce de

b) Kombinationen mit Wiederholung:

$$N = \binom{n+k-1}{k}$$

z. B. $k = 2$ $n = 5$

ab ac ad ae bc bd be cd ce de
aa bb cc dd ee

c) Variationen ohne Wiederholung:

$$N = \binom{n}{k} k!$$

z. B. $k = 2$ $n = 5$

ab ac ad ae bc bd be cd ce de
ba ca da ea cb db eb dc ec ed

d) Variationen mit unbeschränkter Wiederholung:

$$N = n^k$$

z. B. $k = 2$ $n = 5$

ab ac ad ae bc bd be cd ce de
ba ca da ea cb db eb dc ec ed
aa bb cc dd ee

e) Permutationen von n verschiedenen Elementen:

$$N = n!$$

z. B. $n = 3$

abc bca cab cba bac acb

f) Permutationen von verschiedenen Elementen, die zum Teil mehrfach vorhanden sind:

$$N = \frac{n!}{p!\,q!\ldots}$$

z. B. $n = 5$ a sei p mal vorhanden $p = 3$
b sei q mal vorhanden $q = 2$

aaabb aabba abbaa bbaaa
aabab ababa babaa
abaab baaba
baaab

g) Komplexionen mit verschiedenen Elementenzahlen, die nur an Stelle bestimmter Elemente stehen können:

$$N = n_1 \cdot n_2 \cdot n_3 \ldots$$

z. B. $n_1 = 3$ $a\ b\ c$
$n_2 = 2$ $d\ e$
$n_3 = 4$ $f\ g\ h\ i$

adf adg adh adi
bdf bdg bdh bdi
cdf cdg cdh cdi
aef aeg aeh aei
bef beg beh bei
cef ceg ceh cei

h) Komplexionen mit gleichen Elementenzahlen, die nur an bestimmter Stelle stehen können:

$$N = n^k$$

z. B. $n = 3$ $k = 3$
$n_1 = a\ b\ c$
$n_2 = d\ e\ f$
$n_3 = g\ h\ i$

adg adh adi aeg aeh aei afg afh afi
bdg bdh bdi beg beh bei bfg bfh bfi
cdg cdh cdi ceg ceh cei cfg cfh cfi

Eine ausführliche Darstellung der möglichen Varianten der kombinatorischen Technik findet sich bei NASVYTIS [*18*].

Für die Wirtschaftlichkeit eines Baukastens ist es wesentlich, daß für eine bestimmte Gesamtzahl von Kombinationen große Mengen möglichst weniger verschiedener Bausteine gebraucht werden. Die Anzahl gleicher Bausteine, die für eine bestimmte Zahl von Kombinationen benötigt wird, sei die Zahl z.

Werden N Kombinationen, bestehend aus je k Bausteinen zusammengestellt, so müssen $k \cdot N$ Bausteine vorhanden sein. Sind n verschiedene Bausteinarten je in der Menge z nötig, so gilt

$$k \cdot N = z \cdot n \qquad \text{und damit} \qquad z = k \cdot \frac{N}{n}$$

Diese Formel für z gilt nur dann, wenn jeder der n verschiedenen Bausteine an jedem der k Plätze für die Bausteine in der Kombination stehen kann. Sie trifft also zu für die *Kombinationsarten a, b, c, d und e*. Sind bestimmte Bausteine an bestimmte Plätze in der Kombination gebunden, so leuchtet ein, daß die Zahl z kleiner werden muß.

Bei der *Kombinationsart f* gilt
$$z_p = p \cdot N$$
$$z_q = q \cdot N$$
$$z_r = r \cdot N$$

Bei der *Kombinationsart g* gilt
$$z_1 = N/n_1$$
$$z_2 = N/n_2$$
$$z_3 = N/n_3 .$$

Bei der *Kombinationsart h* gilt
$$z = n^{k-1} ,$$

Die Zahl z wird benutzt, um die Häufung gleicher Bausteine bei Benutzung des Baukastensystems gegenüber normaler Fertigung zu errechnen:

Bei einem Bedarf von B Erzeugnissen von
x verschiedenen Arten

ist die Größe eines zu fertigenden Loses höchstens

$$\underline{y = B/x} .$$

Wird der gleiche Bedarf mit Hilfe eines Baukastens befriedigt, der

k Bausteine je Kombination benutzt
und ist n die Anzahl verschiedener Bausteine, so kann die Losgröße je Baustein auf

$$\underline{y_b = z \cdot y} \text{ ansteigen.}$$

Die Zahl z gibt also an, wieviel größer die Losmengen bei Benutzung eines Baukastens werden.

Beispiel. Kombinationsart b,
$$k = 2$$
$$n = 5$$
$$N = 15$$
$$\underline{z = 6}$$

Gefordert
$$B = 90$$
$$x = 15$$

damit
$$\underline{y = 6}$$
$$\underline{y_b = 36}$$

Die Formeln für z lassen sich bei Bedarf graphisch darstellen und ermöglichen so die Abschätzung, bei welchen Werten für n und k z möglichst groß wird. Ein Beispiel dafür zeigt Bild 4.

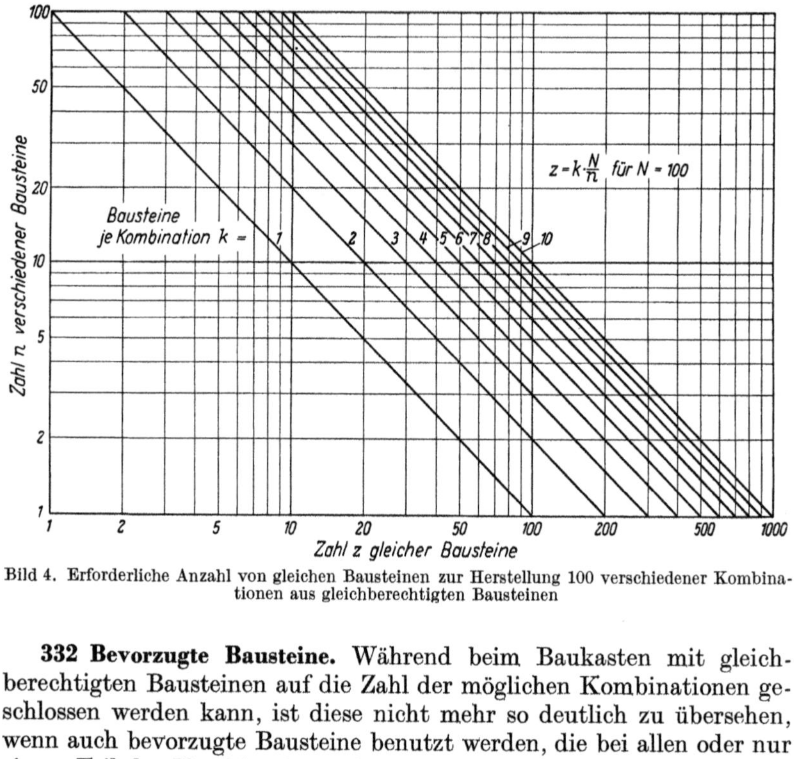

Bild 4. Erforderliche Anzahl von gleichen Bausteinen zur Herstellung 100 verschiedener Kombinationen aus gleichberechtigten Bausteinen

332 Bevorzugte Bausteine. Während beim Baukasten mit gleichberechtigten Bausteinen auf die Zahl der möglichen Kombinationen geschlossen werden kann, ist diese nicht mehr so deutlich zu übersehen, wenn auch bevorzugte Bausteine benutzt werden, die bei allen oder nur einem Teil der Kombinationen benutzt werden. Einprägsame Beispiele hierfür sind die schon erwähnten verschiedenen Meßschnäbel, Endmaßhalter und Verbindungsstücke großer Maße in Endmaßkästen. Auch die Wechselräder an der Drehbank stellen einen Baukasten gleichberechtigter Bausteine dar, der durch das Hinzutreten des 127er Rades (das für das Schneiden von Zollgewinden mit metrischer Leitspindel erforderlich ist) um einen bevorzugten Baustein erweitert wird. Man definiert deshalb:

Bevorzugte Bausteine verleihen durch ihr Hinzutreten zu einem Baukasten mit gleichberechtigten Bausteinen allen Kombinationen eine zusätzliche Eigenschaft.

Ein Satz Wechselräder für Drehbänke oder Fräsmaschinen bildet einen Baukasten, obwohl er niemals allein ein fertiges Gebilde darstellen kann. Im Abschn. 627 wird die Einordnung dieses Baukastens als Ausrüstungsbaukasten in einem Mischsystem erläutert. Er soll im folgenden den kurz beschrieben werden, weil dabei sowohl der Baukastencharakter als auch die Rolle der gleichberechtigten und der bevorzugten Bausteine deutlich hervortreten.

Die Drehbank hat zum Beispiel eine Leitspindel mit einer Steigung von $^1/_4$″ und die folgenden Wechselräder: 24, 25, 26, 30, 35, 40, 48, 51, 55, 57, 60, 84, 90, 96, 120, 127 Zähne.

Die Drehbank habe ferner ein schaltbares Vorgelege mit den Übersetzungen 1:1, 1:3, 1:10. Der Getriebeplan entspricht dann dem von Bild 5.

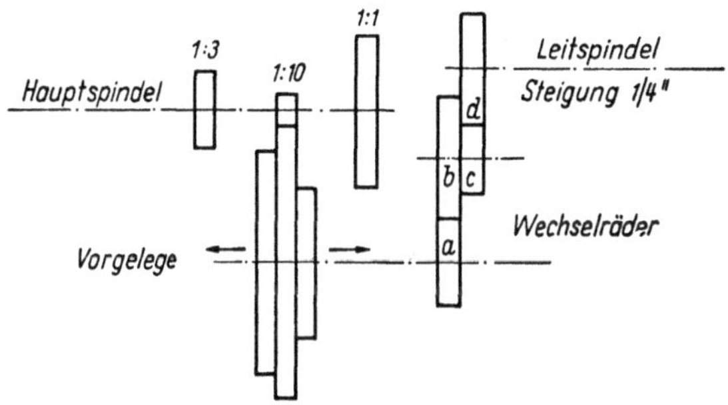

Bild 5. Getriebeplan einer Drehbank

Folgende Gewindesteigungen werden damit erreicht:

<table>
<tr><th colspan="4">Wechselräder</th><th colspan="3">Gänge auf 1″ bei Vorgelege</th></tr>
<tr><th>a</th><th>b</th><th>c</th><th>d</th><th>1:1</th><th>1:3</th><th>1:10</th></tr>
<tr><td>30</td><td>90</td><td>24</td><td>120</td><td>60</td><td>20</td><td>6</td></tr>
<tr><td>35</td><td>84</td><td>24</td><td>120</td><td>48</td><td>16</td><td>—</td></tr>
<tr><td>30</td><td>60</td><td>24</td><td>120</td><td>40</td><td>—</td><td>4</td></tr>
<tr><td>30</td><td>96</td><td>48</td><td>120</td><td>32</td><td>—</td><td>—</td></tr>
<tr><td>48</td><td>84</td><td>30</td><td>120</td><td>28</td><td>—</td><td>—</td></tr>
<tr><td>30</td><td>90</td><td>60</td><td>120</td><td>24</td><td>8</td><td>—</td></tr>
<tr><td>24</td><td colspan="2">60</td><td>120</td><td>20</td><td>—</td><td>2</td></tr>
<tr><td>60</td><td>57</td><td>24</td><td>120</td><td>19</td><td>—</td><td>—</td></tr>
<tr><td>40</td><td>60</td><td>30</td><td>90</td><td>18</td><td>6</td><td>—</td></tr>
<tr><td>30</td><td colspan="2">60</td><td>120</td><td>16</td><td>—</td><td>—</td></tr>
<tr><td>24</td><td colspan="2">60</td><td>84</td><td>14</td><td>—</td><td>—</td></tr>
<tr><td>30</td><td colspan="2">60</td><td>90</td><td>12</td><td>4</td><td>—</td></tr>
<tr><td>40</td><td>55</td><td>60</td><td>120</td><td>11</td><td>—</td><td>—</td></tr>
<tr><td>24</td><td colspan="2">84</td><td>60</td><td>10</td><td>—</td><td>1</td></tr>
<tr><td>40</td><td colspan="2">84</td><td>90</td><td>9</td><td>3</td><td>—</td></tr>
<tr><td>30</td><td colspan="2">84</td><td>60</td><td>8</td><td>—</td><td>—</td></tr>
<tr><td>48</td><td colspan="2">90</td><td>84</td><td>7</td><td>—</td><td>—</td></tr>
<tr><td>40</td><td colspan="2">90</td><td>60</td><td>6</td><td>2</td><td>—</td></tr>
<tr><td>30</td><td>60</td><td>48</td><td>120</td><td>5</td><td>—</td><td>—</td></tr>
</table>

Wechselräder				Steigung in mm bei Vorgelege		
a	*b*	*c*	*d*	1:1	1:3	1:10
30	120	40	127	0,5	1,5	5
24	120	55	127	0,55	—	5,5
24	120	60	127	0,6	1,8	6
35	60	24	127	0,7	—	7
24	60	40	127	0,8	2,4	8
51	90	30	127	0,85	—	8,5
24	120	90	127	0,9	—	9
30	60	40	127	1	3	10
48	60	30	127	1,2	3,6	12
25	60		127	1,25	3,75	12,5
26	60		127	1,3	—	13
48	60	35	127	1,4	4,2	14
30	60		127	1,5	4,5	15
84	60	25	127	1,75	—	17,5
40	60		127	2	6	20
60	30	25	127	2,5	7,5	25
90	30	40	127	3	9	30
60	30	35	127	3,5	10,5	35
60	30	40	127	4	12	40

Das Beispiel zeigt: 16 Bausteine, davon
15 gleichberechtigte Bausteine
1 bevorzugter Baustein (127)
38 Kombinationen aus je 3 oder 4 der 16 Bausteine werden benutzt.

4 Definition des Baukastensystems

41 Vorhandene Definitionen

Im Zuge anderer Arbeiten wurden bereits Definitionen gegeben, die der Vollständigkeit halber hier wiederholt seien:

Nitsche [*63*]: Ein System ist ein aus mehreren Teilen bestehendes geordnetes Ganzes.

Nasvytis [*18*]: Ein Baukasten ist eine Sammlung einer gewissen Anzahl verschiedener Elemente, aus welchen sich verschiedene Dinge zusammensetzen lassen.

42 Normung der Bausteine

Bei allem bisher Gesagten wurde stillschweigend vorausgesetzt, daß man in der Lage sei, immer wieder gleiche Bausteine herstellen zu können. Es ist leicht einzusehen, daß die Gleichheit der Bausteine gewährleistet sein muß, wenn man die Kombinationsmöglichkeiten, die das Baukastensystem bietet, voll ausschöpfen will. Andererseits müssen bei allen verschiedenen Bausteinen die Passstellen gleich sein, um ein reibungsloses Zusammenfügen gewährleisten zu können. Das ist nur möglich, wenn Form und Ausführung der Passstelle genormt sind! Normung und Austauschbarkeit sind Voraussetzungen für die Benutzung des Baukastensystems, damit es zu jeder Zeit an jedem Ort beim Erwerb von beliebigen Herstellern benutzbar ist. Jeder Baustein, der hinsichtlich seiner Gestaltung einmal festgelegt wurde, muß in dieser Gestalt beibehalten werden, um restlose Austauschbarkeit zu gewährleisten.

Man kann danach also feststellen, *daß Bausteine* im Kreis derer, die sie in einem Baukasten benutzen wollen, *genormt sein müssen.* Benutzt ein einzelnes Werk das Baukastensystem für die Fertigung seiner Erzeugnisse, so ist also eine Werksnormung der Bausteine erforderlich. Werden gleiche Bausteine im Rahmen eines größeren Verbandes benutzt, so ist eine Normung auf dieser Ebene erforderlich (z. B. Normung von Steingrößen, Erdölbohrrohren, Rohrarmaturen und neuerdings für die Ausrüstung von automatischen Fertigungsanlagen [*6*]).

43 Elementarisierung, Programm oder Baumusterplan

Mit der fortschreitenden Entwicklung der Industrie suchte man immer wieder Möglichkeiten für die Massenfertigung bestimmter Teile. Bevor noch der Begriff Baukastensystem benutzt wurde, ging man schon den Weg der *Elementarisierung.* Unter diesem Begriff wird die Aufteilung von Werkstücken in einzelne Elemente verstanden, die später bausteinartig benutzt werden. Ein einfaches Beispiel dafür zeigt das Bild 6.

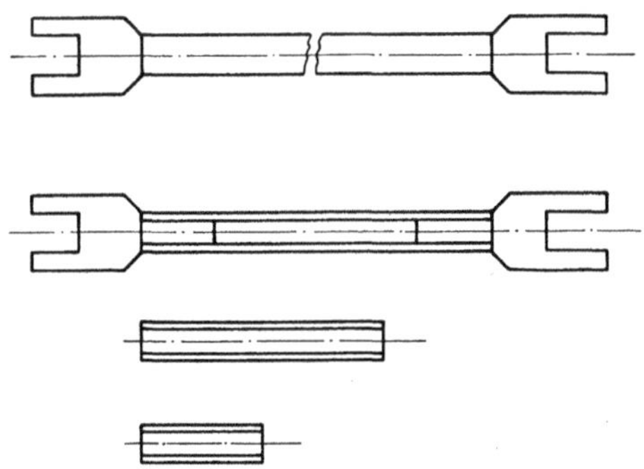

Bild 6. Beispiel einer Elementarisierung

Die Elementarisierung bedeutet noch nicht den Übergang zum Baukastensystem, sie wurde meist allein einer Rationalisierung der Fertigung wegen durchgeführt. Indes ergab sich oft ein Baukasten als Folge. Es wird im Abschn. 71 noch gezeigt werden, daß die Elementarisierung sogar ein notwendiger Schritt zum Aufbau eines Baukastens ist.

Auch der Aufbau eines Gebildes aus Baueinheiten oder Baugruppen bedingt noch nicht ein Baukastensystem, kann aber die Vorstufe dazu sein. Es gibt Erzeugnisse, bei denen sich die Aufteilung in Baugruppen entsprechend den geforderten Funktionen anbietet. Ein Beispiel dafür ist der Bau von Fräsmaschinen:

Baugruppe Ständer zur Aufnahme und Führung aller Teile,
Baugruppe Konsole zur Aufnahme des Tisches,
Baugruppe Tisch zur Aufnahme des Werkstückes,
Baugruppe Vorschubgetriebe zur Erzeugung des Vorschubes,
Baugruppe Frässpindel zur Aufnahme des Werkzeuges.

Diese Baugruppen sind im Fräsmaschinenbau geläufig.

Bei anderen Erzeugnissen wird die Aufteilung in Baueinheiten aus Transport- oder Verpackungsgründen erforderlich, wenn sie so groß oder so schwer sind, daß sie nicht im Ganzen befördert werden können.

Das Baukastensystem tritt erst in dem Augenblick auf, wo das Vorhandensein der Baugruppen zur Fertigung *verschiedener Dinge* durch *verschiedene Kombination* der Baugruppen ausgenutzt wird, wie es zum Beispiel bei den Fritz-Werner-Fräsmaschinen zuerst geschah. Elementari-

Bild 7. Baumusterplan „Anbauküchen"

sierung und Auflösung in Baugruppen sind bestenfalls Vorstufen für das Baukastensystem. Das Baukastensystem liegt erst dann vor, wenn ein *Bauprogramm* geschaffen wird, das genau und vollständig aufzeigt, welche verschiedenen Kombinationen gebildet werden sollen und welche Bausteine in jeder Kombination benutzt werden.

Es gibt Fälle, in denen ein vollständiges Bauprogramm nicht geschaffen werden kann, weil mit den vorhandenen Bausteinen eine nicht zu übersehende Vielzahl von Kombinationen geschaffen werden kann. Hier ist das Baukastensystem gegeben, wenn in einem Plan anhand einiger charakteristischer Baumuster gezeigt wird, das sich durch verschiedene Kombination der Bausteine verschiedene Erzeugnisse in einem gewissen Anwendungsbereich ergeben. Dieser Plan, der einem Bauprogrammausschnitt vergleichbar ist, wird im folgenden als *Baumusterplan* bezeichnet. Er läßt die Art der mit den vorhandenen Bausteinen kombinierbaren Dinge erkennen und kann auch als Richtlinie für den Zusammenbau der Bausteine dienen. Bild 7 zeigt als Beispiel einen Baumusterplan für Anbauküchen.

Der Begriff Baukastensystem setzt das Vorhandensein eines Bauprogrammes oder Baumusterplanes voraus.

44 Vielzahl der Kombinationen

Eine der wichtigsten Eigenarten des Baukastensystems ist zweifellos die, daß sich aus einem begrenzten Vorrat verschiedener Bausteine eine große Zahl verschiedener Kombinationen ergibt. Gerade dieser Wesenszug des Baukastensystems hebt es unter anderen Bauprinzipien hervor und kennzeichnet es. Allein durch diese Eigenart ermöglicht das Baukastensystem dem Hersteller technischer Erzeugnisse die Reihen- oder Massenfertigung und dem Benutzer die individuelle Gestaltung des Erzeugnisses für seinen besonderen Bedarf.

Beim Aufbau eines Baukastens bestehen zwei einander widerstrebende Tendenzen. Der Gedanke, daß der eng umrissene Zweck eines Gebildes am besten mit Bausteinen erfüllt wird, die diesem Zweck nach Form und Größe unmittelbar angepaßt sind, führt zu vielen, fein differenzierten Bausteinen. Andererseits führt die Forderung, die einzelnen Bausteine billig in großen Mengen herzustellen zu wenigen, gröber gestuften Bausteinen. Zwischen diesen beiden Möglichkeiten gibt es ein wirtschaftliches Optimum. Genau die gleiche Überlegung ist bei der Normung von Bauelementen erforderlich. Man erkennt hier wieder die Verbindung zwischen Baukastensystem und Normungsidee!

45 Der Anwendungsbereich

Als unerläßlich für einen Baukasten wurde das Programm oder der Baumusterplan erläutert. Zu einer vernünftigen Planung gehört stets eine klare Aufgabenstellung. Man ist daher nicht in der Lage, einen brauchbaren Baukasten aufzubauen, ohne von vornherein seinen Anwendungsbereich zu umreißen und zu umgrenzen. Es wurden früher einmal die DIN-Normen „Der Baukasten der deutschen Maschinenindustrie" genannt [*9*]. Hier ist offenbar das Wort Baukasten nicht in seinem echten Sinne benutzt, denn die deutsche Maschinenindustrie ist so vielgestaltig und ihre Erzeugnisse sind entsprechend ihren Aufgaben so unterschiedlich, daß es gar nicht möglich ist, in einem so weit gespannten Rahmen die Bausteine in genügender Anzahl und genügender Anwendungsbreite normenmäßig festzulegen.

Dieses Beispiel zeigt, daß für den Aufbau eines Baukastens die Beschränkung auf einen scharf begrenzten Anwendungsbereich erforderlich ist. Betrachtet man bereits bestehende Baukästen in der Technik, so stellt man immer wieder fest, daß technisch vorzügliche und gut funktionierende Baukästen für begrenzte Anwendungsbereiche geschaffen worden sind. Oft findet man, daß bewußt Möglichkeiten vom Anwendungsbereich ausgeschlossen wurden, weil sie den Baukasten unwirtschaftlich machen würden. Diese Begrenzung nehmen die Firmen auf sich, obwohl sie sich darüber im klaren sind, daß damit Kunden, deren Wünsche dadurch nicht erfüllt werden können, an die Konkurrenz verwiesen werden.

46 Definition des Baukastensystems

In den bisherigen Abschnitten wurde zusammengetragen, was für die Definition des Begriffes Baukastensystem von Bedeutung ist. Faßt man die gewonnenen Erkenntnisse zusammen, so ergibt sich folgendes Bild:

Das Wort Baukastensystem bezeichnet die allen Baukästen zugrundeliegende Ordnung.

Das Baukastensystem ist erst anwendbar, wenn austauschbare Bausteine hergestellt werden können. Das bedeutet aber, daß zumindest die Passstellen genormt sein müssen.

Das Baukastensystem wird durch ein Programm oder einen Baumusterplan gekennzeichnet, je nachdem ob die Zahl der Kombinationsmöglichkeiten begrenzt oder unbegrenzt ist. Die Kombinationsmöglichkeiten werden darin vollständig oder beispielhaft nachgewiesen.

Ein Baukasten ist um so brauchbarer, je öfter sich Bausteine für verschiedene Kombinationen benutzen lassen. Dabei ist zwischen dem Normungswunsch, möglichst wenige verschiedene Bausteine zu haben, und dem Wunsch, den Funktionsforderungen möglichst weitgehend zu entsprechen, sorgfältig abzustimmen.

Es ist notwendig, den Anwendungsbereich für einen Baukasten in einem Programm oder Baumusterplan festzulegen.

Danach kann die Definition lauten:

Das Baukastensystem ist ein Ordnungsprinzip, das den Aufbau einer begrenzten oder unbegrenzten Zahl verschiedener Dinge, aus einer Sammlung genormter Bausteine auf Grund eines Programmes oder Baumusterplanes in einem bestimmten Anwendungsbereich darstellt.

47 Bedeutung und Zweck des Baukastensystems in der heutigen Technik

Das Baukastensystem hat in neuerer Zeit erheblich an Bedeutung gewonnen. Wie läßt sich das erklären?

Auf Grund der bekannten Abnahme der Kosten bei der Fertigung größerer Stückzahlen sucht man stets zu größeren Fertigungsmengen zu kommen. Das Baukastensystem als Zweig der Normung schafft hierzu neue Möglichkeiten.

Durch die *Beschränkung auf Bausteine*, die in größeren Mengen gefertigt werden, wird die Fertigung wirtschaftlicher.

Durch die *Vielzahl der möglichen Kombinationen* aus dem Baukasten kommt man dem Bestreben näher, viele verschiedene Wünsche erfüllen zu können, ohne neue Erzeugnistypen schaffen zu müssen. Auch bei Erweiterungen oder Änderungen des Bauprogramms ist man durch Hinzunahme oder Änderung einiger Bausteine mit dem Baukasten in der Lage weiterhin wirtschaftlich zu arbeiten.

Das Baukastensystem hat für den Erzeuger technischer Dinge eine andere Bedeutung als für den Benutzer. Baukästen beim *Hersteller technischer Erzeugnisse* ermöglichen diesem eine wirtschaftliche Fertigung bei gleichzeitiger Möglichkeit, viele verschiedene Kundenwünsche zu erfüllen. Solche Baukästen sind zum Beispiel Kreiselpumpen, Zahnradgetriebe, Elektromotoren, Schalter, Schaltanlagen und andere.

Baukästen für den *Benutzer technischer Erzeugnisse* ermöglichen diesem stückweises Beschaffen, schnellen Ersatz, bequeme Umstellbarkeit, beste Anpassungsfähigkeit und damit gute Wirtschaftlichkeit. Baukästen dieser Art sind zum Beispiel Anbaumöbel, Werkzeugmaschinen aus Baueinheiten, Gewichtssätze, Bauteile für ölhydraulische Anlagen, Baukästen für Rohrgerüste oder Lagergestelle und viele andere.

Viele Baukästen bieten *Herstellern und Benutzern* Vorteile. Hier vereinigen sich Wesenszüge, die dem Hersteller von Nutzen sind, mit solchen, die der Benutzer schätzt. Solche Baukästen sind zum Beispiel die mit Teilen für hydraulische, pneumatische oder elektrische Anlagen. Der Hersteller hat hier durch die Beschränkung auf Bausteine wirtschaftliche Vorteile, da er durch einen geschickt begrenzten Baumusterplan einen großen Anwendungsbereich erfaßt und durch die Gleichheit der Passstellen mit wenigen Vorrichtungen und Maschinen auskommt. Dem Benutzer dieser Teile aber werden Bausteine in die Hand gegeben, die ihm Aufbau, Erweiterung oder Umbau einer Anlage leicht machen und für verschiedene Anlagen benutzbar sind.

Von besonderer Bedeutung ist das *Baukastensystem* dort, *wo der technische Aufwand sonst unwirtschaftlich* wäre. Ein charakteristisches Beispiel dafür ist die Fertigungseinrichtung für Kraftfahrzeuge. Die großen Stückzahlen der Fertigung setzen einen großen und kostspieligen Werkzeugmaschinenpark voraus. Gelegentliche Änderungen des Fertigungsprogrammes sind in diesem Falle nur dann wirtschaftlich möglich, wenn die großen Maschinenfließreihen aus einzelnen Aufbaumaschinen zusammengestellt sind, die sich umstellen und umgruppieren lassen.

Auch beim Bau mittlerer und großer Dieselmotoren, bei denen es nicht leicht ist, auf größere, wirtschaftliche Serien zu kommen, bietet das Baukastensystem die Möglichkeit, bei wirtschaftlicher Fertigung den meisten Kundenwünschen gerecht zu werden, indem man einheitliche Zylinder, Kolben und Pleuel für Motoren mit verschiedenen Zylinderzahlen vorsieht (s. Baukasten-Beschreibungen, Abschn. 21).

Fälle, in denen die technischen Forderungen den unbedingten Vorrang vor der Forderung nach Wirtschaftlichkeit haben, wie es zum Beispiel im Flugzeugmotorenbau der Fall sein kann (Forderung nach geringstem Leistungsgewicht) setzen der Anwendung des Baukastensystems eine Grenze.

48 Grenzen des Baukastensystems

Es gibt zuweilen Bauverfahren, bei deren Betrachtung man im Zweifel ist, ob man sie dem Baukastensystem hinzurechnen soll. Einige solcher Fälle sollen im folgenden erläutert werden, damit die Grenzen des Baukastensystems deutlich werden.

481 Grenzfälle, dem Baukastensystem zuzurechnen. Ein Baukasten liegt noch vor, wenn ein *Zerlegen der fertigen Kombination nicht mehr möglich ist.* In vielen Baukästen besteht die Möglichkeit, fertige Gebilde wieder in ihre Bausteine zu zerlegen. Es gibt aber auch Verfahren, bei denen eine Zerlegung Zerstörung bedeutet und die doch zum Baukastensystem gerechnet werden müssen. Ein Beispiel dafür gibt die Gelenkstange im Bild 6, wenn man sich die Augen durch Schweißung mit der Stange verbunden vorstellt. Für den Hersteller der Stange liegt hier ein Baukasten vor, der dem Benutzer nicht auffällt, da kein Zerlegen möglich ist. Es leuchtet ein, daß in diesem Fall auch das In-den-Baukasten-Zurücklegen der Bausteine und deren Wiederverwendung entfällt. Hinsichtlich der Fertigung tritt der Baukasten klar zutage, deshalb können auch unzerlegbare Gebilde Baukastengebilde sein. Der Aufbau eines Förderbandes aus Gummi und Gewebeeinlagen ist eine solche Anwendung des Baukastensystems, denn Gummi und Einlagen wirken hier als Bausteine, die nach einem Bauprogramm zusammengestellt werden, das Art, Anzahl und Anordnung der Teile für Bänder verschiedener Breite, Dicke und Beanspruchung festlegt. Der Hersteller des Bandes benutzt das Baukastensystem hier zu seinem Vorteil, wohingegen der Benutzer das System nicht erkennt.

Ein Baukasten liegt auch dann noch vor, wenn nur eine *Baugruppe eines Erzeugnisses nach dem Baukastensystem gefertigt ist.* Es ist nicht erforderlich, daß die aus Bausteinen gebildeten Kombinationen fertige Gebilde sind. Beispielhaft dafür ist der bereits geschilderte Baukasten Wechselräder der Drehbank. Selbstverständlich sollte in einem solchen Fall bereits durch die Benennung des Baukastens deutlich werden, daß er nur Teile eines fertigen Erzeugnisses zusammenzustellen erlaubt.

Ein Baukasten liegt auch vor, wenn *Bausteine selbst nicht nach dem Baukastensystem gefertigt* sind. Es ist nicht erforderlich, daß die Bausteine selbst, sofern sie aus mehreren Teilen zusammengesetzt sind, auch nach

Baukastenart erstellt sind. Sie müssen nur jeder für sich in dem vorgesehenen Baukasten ihre Aufgabe als Baustein erfüllen. So sind zum Beispiel die Baueinheiten für Werkzeugmaschinen vollwertige Bausteine in einem ordnungsmäßigen Baukasten, auch wenn sie selbst nicht aus Bausteinen aufgebaut sind.

Ein Baukasten liegt auch dann noch vor, wenn einzelne *Bausteine noch zuschneidbar bzw. anpaßbar* sind. Es gibt hierfür eine Reihe überzeugender Beispiele. Für Kreiselpumpen sind Baukästen bekannt, die für ein- und mehrstufige Pumpen Saug- und Druckdeckel, Laufräder, Wellen und Gehäusestufen enthalten. Leistungszwischenwerte werden durch Abdrehen der Laufräder auf verschiedene Durchmesser ermöglicht.

Die auf Länge abzustechende Welle der Riementransmission gehört hierher und auch die auf Länge zu schneidende Verbindungsstange der Gelenkaugen von Abb. 6, ebenso der Trimmerkondensator und der Abgleichwiderstand in der Elektronik.

482 Grenzfälle, dem Baukastensystem nicht zuzurechnen. Es gibt eine Reihe von Fällen, in denen ein Baukasten vorzuliegen scheint oder gar angepriesen wird, die man aber doch dem Baukastensystem nicht zuordnen kann, weil wesentliche Eigenschaften nicht vorhanden sind.

Ein Baukasten liegt nicht vor, wenn *die Anschlußstellen der Elemente eines baukastenähnlichen Gebildes nicht genormt sind.* Die Eigenart der vielfältigen Zusammensetzbarkeit der Bausteine liegt nicht mehr in vollem Umfange vor, da zum Fügen der Elemente hier zusätzliche Bearbeitung und unter Umständen auch zusätzliche Anschlußteile erforderlich werden. Gerade das Zusammenfügen der Bausteine an den genormten Passstellen ist aber ein Wesensmerkmal des Baukastensystems. Ungeachtet dessen wird man beim Hersteller die Eigenschaft ,,Baukasten“ nicht in Abrede stellen, wenn beim Zusammenbau etwa nur eine Passarbeit auszuführen ist, also die restlose Austauschbarkeit nicht gegeben ist.

Ein Baukasten liegt nicht vor, wenn *die Elementarisierung nur zur Erleichterung des Transportes oder des Zusammenbaus* erfolgt ist. Dieser Fall tritt oft bei Großmaschinen auf. Hier muß von Fall zu Fall geprüft werden, ob ein Baukasten vorliegt. Es gibt zum Beispiel eine Reihe von Firmen, die Dieselmotoren herstellen und dabei, wie oben ausgeführt, nach dem Baukastensystem arbeiten. Andere Hersteller zerlegen ihre Motoren ebenso, verwenden die Elemente aber nicht als Bausteine, so daß deren Erzeugnisse trotz der Ähnlichkeit mit den erstgenannten nicht als Baukastenerzeugnisse gelten können.

Ein Baukasten liegt auch dann nicht vor, wenn *an einem Erzeugnis nur jeweils ein Teil ausgetauscht wird.* Jene Vorratskästen, aus denen jeweils nur ein Teil, ein Satz oder ein Paar von Teilen anstelle eines anderen benutzt wird, können nicht als Baukästen bezeichnet werden. So ist zum Beispiel der Vorrat an Spiralbohrern zu einer Bohrmaschine weder für sich noch gemeinsam mit der Maschine ein Baukasten. Auch Schnittstempel und -ringe in der Stanzerei sind zunächst keine Bausteine. Sie werden erst dann zu Bausteinen, wenn eigens dazu vorgesehene Führungsgestelle die Aufnahme verschiedenster Kombinationen von Lochwerkzeugsätzen zur Herstellung verschiedener Lochbilder ermöglichen.

Schematisch dargestellt ergibt sich folgendes Bild:

Grundteil	C
Austauschteile	$a_1, a_2, a_3, a_4, a_5, a_6, a_7, \ldots.$

Kein Baukasten, wenn folgende Gebilde entstehen:

$$C + a_1, \; C + a_2, \; C + a_3, \; C + a_4, \; \ldots.$$

Baukasten, wenn folgende Gebilde entstehen:

$$C + a_1 + a_3 + a_4$$
$$C + a_2 + a_3$$
$$C + a_1 + a_4 + a_4 + a_7.$$

In dieser Darstellung erkennt man deutlich den Baukastencharakter im zweiten Fall, der sich durch die verschiedenen Kombinationen ergibt.

5 Welche Besonderheiten ergeben sich durch die Benutzung des Baukastensystems in der Technik?

51 Technische Eigenheiten

511 Bausteine als Grundlage des Aufbaues. Eine Konstruktion wird üblicherweise aus Teilen zusammengefügt, die der augenblicklich gestellten Aufgabe am besten entsprechen und daher Sonderteile für diesen Zweck sind. Von der Einzelkonstruktion jedes Teils, wie das vor 50 Jahren üblich war, wich man im Sinne der Normung durch die Anwendung von Grundnormen (nur bestimmte Durchmesser, Drehzahlen, Moduln usw.) und von Normteilen ab. Die letzteren – Griffe, Nieten, Federn, Schrauben und andere – sind also „sekundäre Teile". Genormte Hauptteile gibt es hingegen sehr wenig (zum Beispiel Drehbankfutter, wenn man die Listen der maßgebenden Firmen als Normen ansehen darf).

Durch das Baukastensystem kommt eine dritte Art der Bindung in die Konstruktion hinein: Der Baustein tritt als Teil oder Gruppe auf und übt in mehreren verschiedenen Erzeugnissen seine Funktion vollwertig aus. Das ist offenbar einfacher, wenn es sich um Erzeugnisse gleicher Grundgröße handelt, als wenn die Erzeugnisse verschieden groß sind, so daß dann kaum ein Hauptteil als mehrfach verwendbarer Baustein ausgeführt werden kann.

512 Kombinationsmöglichkeiten. Ein Bausteinvorrat ermöglicht eine große Zahl verschiedener Kombinationen innerhalb eines bestimmten Rahmens.

Diese Kombinationsmöglichkeit ist am größten bei den Baukästen, in denen die Bausteine rein additiv zusammengefügt werden. Solche Bausteine sind beispielsweise Mauersteine, Tellerfedern, Leitungsklemmen, Kondensatoren, Widerstände, Scheiben-Gleichrichter und andere.

Gebilde, die in verschiedenen Baugrößen benötigt werden, lassen nur selten die Verwendung von Bausteinen zu, weil auch deren Einzelteile gewöhnlich in verschiedenen Größen gebraucht werden. Hier bietet der Baukasten nur Kombinationen von Geräten verschiedener Funktion, aber gleicher Größe. Beispiele dafür sind Regelgeräte und elektrische Schaltanlagen.

Häufig findet man auch den Ausrüstungsbaukasten, bei dem ein Grundkörper mit verschiedenen Bausteinen zu verschiedenen fertigen Gebilden vervollständigt wird. Das ist beispielsweise bei Uhren der Fall, wenn gleiche Werke mit verschiedenen Zifferblättern, Zeigern und Gehäusen versehen werden.

In manchen Fällen ermöglicht der Baukasten sogar den Bau von Gebilden verschiedener Größe oder Leistung. Das wird besonders deutlich am Beispiel der Getriebebaukästen, in denen Getriebe verschiedener Leistungen unter teilweiser Verwendung gleicher Bausteine zusammengestellt werden. Hier kommen tatsächlich zuweilen die Radpaare der Endstufen kleiner Getriebe als Anfangsstufen größerer Getriebe wieder vor.

Die große Zahl der Kombinationsmöglichkeiten tritt in allen Fällen als kennzeichnende Eigenart des Baukastensystems gegenüber der üblichen Einzweckbauweise hervor.

513 Vereinheitlichung des äußeren Bildes. Der Aufbau von Gegenständen aus Bausteinen hat zur Folge, daß die Gegenstände viele gleiche Züge bekommen. Bei technischen Dingen ist das oft willkommen. Man spricht dann wohl von einer „Linie“, die für die Erzeugnisse einer Firma kennzeichnend sein kann.

In manchen Fällen steht dem der persönliche Geschmack entgegen. In einer Wohnung ist zum Beispiel das Badezimmer ein Raum, dessen Einrichtung überwiegend von Zweckmäßigkeitsgründen bestimmt wird. Das hat zur Folge, daß Waschbecken, Handtuchhalter, Glasplatten, Badewannen, Badeöfen und Duscheinrichtungen heute Bausteincharakter haben und man an dem gleichartigen Aussehen keinen Anstoß nimmt. Auch bei Küchenmöbeln setzt sich in neuerer Zeit die Forderung nach Zweckmäßigkeit immer mehr durch. Herd, Kühlschrank, Spülschrank, Waschmaschine und gewisse Schrankformen sind hier die immer wiederkehrenden Bausteine Auch für Wohn- und Schlafzimmer gibt es Anbaumöbel, die viele Kombinationen zulassen und dabei eine gewisse Vereinheitlichung des Erscheinungsbildes hervorrufen. In diesen Fällen verhindert aber doch häufig der persönliche Geschmack die Benutzung des Baukastensystems.

514 Anpassungs- und Erweiterungsfähigkeit. Werden bestimmte Gebilde nach einem zweckmäßig entworfenenen Verfahren aus Bausteinen zusammengestellt, so bietet der Baukasten eine ideale Anpassungsfähigkeit. Einige Beispiele sollen das zeigen:

Anpassung in Abmessungen bieten Gewichtssätze, Endmaße, Ziegel, Reihenklemmen, Bohrrohre, Anbaumöbel und andere. Gewünschte Abmessungen lassen sich hier durch Aneinanderreihen von Bausteinen leicht erreichen.

Anpassung an wechselnde Aufgaben bieten für Steuer- und Regelaufgaben elektrische, hydraulische oder pneumatische Anlagen, die aus Bausteinen aufgebaut sind. – Küchenmaschinen erlauben durch ihre verschiedenen Zusatzbausteine eine weitgehende Anpassung an die wechselnden Aufgaben der Küche.

Anpassung in der Anordnung bieten beispielsweise Werkzeugmaschinen-Baueinheiten, die die Anordnung aller spanenden Werkzeuge an der für ein bestimmtes Werkstück erforderlichen Stelle einer Sondermaschine ermöglichen. Sogar Änderungen des Werkstückes oder Umstellungen auf andere Werkstücke sind hier denkbar. – Ein anderes Beispiel sind aus Bausteinen zusammenstellbare Schnittwerkzeuge zum Lochen, die sich verschiedenen Werkstücken anpassen lassen.

Anpassung an Drehzahl und Drehmoment oder Kraft und Geschwindigkeit bieten Zahnradgetriebe nach dem Baukastensystem durch Auswahl der der gewünschten Übersetzung entsprechenden Radpaare. – Hydraulische Getriebe lassen sich durch passende Wahl von Pumpen und Motoren (für gradlinige oder drehende Bewegung) vielen Übersetzungswünschen anpassen.

Die Anpassungsfähigkeit ist eine kennzeichnende Eigenart des Baukastensystems. Durch geschickte Auswahl und Zusammenstellung der Bausteine wird sie deutlich.

Daneben ist die Anpassung an geänderte Aufgaben, zum Beispiel die Erweiterung einer bestehenden Anlage, eine wichtige Eigenschaft von Baukastengebilden. Erweiterungen elektrischer Schalt- oder Regelanlagen, Vergrößerungen von Fertighäusern, Vergrößerungen vorhandener Bücherwände sind Beispiele für die Möglichkeiten, die das Baukastensystem hier bietet.

515 Toleranzen. Bei der Betrachtung dieses Punktes muß man zunächst zwischen den Baukästen unterscheiden, in denen die Bausteine direkt miteinander verbunden werden, und denen, deren Bausteine getrennt voneinander benutzt werden. Der erste Fall ist beispielsweise bei Aufbaumöbeln gegeben, die zu einer Bücherwand zusammengestellt werden sollen. Für den zweiten Fall können Werkzeugmaschinen-Baueinheiten dann als Beispiel gelten, wenn sie unabhängig voneinander, auf einem Maschinengestell befestigt, eine Sondermaschine bilden sollen. Auch Gewichte gehören zu dieser zweiten Gruppe.

Direkt miteinander verbundene Bausteine erfordern gleiche Passstellen, damit beim Zusammenfügen keine Schwierigkeiten auftreten. Hier muß die Fertigung an den Passstellen gewisse Toleranzen sicher einhalten. Das wird so lange keine zusätzlichen Belastungen zur Folge haben, wie nicht allein um des Baukastensystems willen mehr Fugen geschaffen werden, als auch ohne Baukastensystem gebraucht würden. Das bedeutet für die als Beispiel gewählte Bücherwand, daß sie in Einheiten der Größe aufzuteilen wäre, wie sie ohnehin aus Transportgründen erforderlich sind. Jede weitere Unterteilung bringt wegen der Toleranzen an den Passstellen erhöhte Fertigungskosten und würde die Wirtschaftlichkeit des Baukastens verringern. In solchen Fällen muß also bereits bei der Elementarisierung (s. Abschn. 43) auf die Fugenzahl und die damit verbundenen Toleranzforderungen geachtet werden.

516 Unterschiedliche Lebensdauer. Die Benutzungsart und -dauer verschiedener Bausteine ist nicht gleich. Nicht jeder Baustein wird in verschiedenen Kombinationen hinsichtlich seiner Leistungsfähigkeit voll ausgenutzt. Es ergibt sich dadurch eine unterschiedliche Lebensdauer der einzelnen Bausteine. Diese Besonderheit mag für das System nachteilig erscheinen. Dabei ist aber zu bedenken, daß auch bei anderen Konstruktionen die Lebensdauer verschiedener Teile nicht gleich ist und gewisse Teile innerhalb der Gesamtlebensdauer einer Anlage auszuwechseln sind. Das Baukastensystem begegnet diesem Problem durch geschickte Wahl der Bausteine derart, daß kürzer lebende Teile als billige, leicht ersetzbare Bausteine ausgeführt werden. Beispielhaft sind hier elektrische Schaltgeräte mit leicht ersetzbaren Kontakten und Schützspulen.

517 Verflechtungen. Es gehört zu den Eigenarten des Baukastensystems, daß sich verschiedene Baukästen berühren oder überschneiden können. Diese Berührung kann in zweierlei Weise erfolgen:

a) *Verflechtung auf horizontaler Ebene*, gleichbedeutend mit einer Verbreiterung des Anwendungsbereiches.

b) *Verschachtelung auf vertikaler Ebene*, gleichbedeutend mit einer Vertiefung der Anwendung der Bauweise durch Zerlegen der Bausteine in weitere kleine Bausteine.

Der Fall der Verschachtelung wird bei der Ordnung der Baukästen im Abschn. 63 ausführlich erläutert.

Die *Verflechtung* ergibt sich, wenn sich mehrere Baukästen in ihren Anwendungsbereichen berühren oder überschneiden. Ein Beispiel dafür ist das Zusammentreffen eines Baukastens für hydraulische Steuerungen mit einem solchen für hydraulische Leitungen und Anschlußteile. Die Verflechtung gewinnt erst dann technische Bedeutung, wenn die Berührungsstellen der beiden Baukästen als Passstellen verwendbar sind, das heißt Bausteine beider Kästen an den Berührungsstellen zusammengebaut werden können. Solche Passstellen, die nicht dem eigentlichen Baukasten eigen sind, finden sich um so häufiger, je mehr gemeinsame Grundnormen vorhanden und berücksichtigt sind. Für das Beispiel sind solche Grundnormen Nennweiten. Anschlußgewinde, Flanschabmessungen und Nenndrücke. Genormte Anschlußmaße tragen wesentlich zu brauchbaren Verflechtungen verschiedener Baukästen bei. Verflechtungen werden um so mehr auftreten, wie bei der Gestaltung der Bausteine die Normen der einschlägigen Normensysteme (s. Abschn. 8) berücksichtigt wurden.

52 Wirtschaftliche Eigenheiten

Die wirtschaftlichen Eigenheiten des Baukastensystems werden deutlich, wenn man dem Entwicklungsgang eines Baukastens folgt, wie er im Abschn. 7 beschrieben wird.

Den Anfang bildet eine sorgfältige Planung, die in der Festlegung zweckmäßiger Bausteine für den gewünschten Anwendungsbereich gipfelt. Ob die Bausteine zweckmäßig gewählt sind, läßt sich nur daran feststellen, ob die verschiedenen daraus zusammenzustellenden Kombinationen brauchbare Enderzeugnisse darstellen. Das bedeutet also, daß der Arbeit mit einem Baukasten *umfangreiche konstruktive Überlegungen* vorausgehen müssen. Diese Vorarbeiten lassen den Aufbau eines Baukastens – verglichen mit üblichen Konstruktionen – teuer erscheinen. Sind die Bausteine aber nach Abschluß dieser Überlegungen einmal sinnvoll festgelegt, so ist der Aufwand für deren Zusammenbau zu den schon weitgehend vorgeplanten Erzeugnissen nur noch gering. Dabei spielt auch die Größe der Bausteine noch eine wesentliche Rolle. Wird ein Erzeugnis aus wenigen, großen Bausteinen zusammengestellt, so wird auch die konstruktive Vorarbeit, die in der Normung dieser Bausteine endet, umfangreich und teuer sein. Wählt man aber kleinere Baugruppen als künftige Bausteine aus, so wird die Konstruktionsarbeit, die zur Normung dieser kleineren Bausteine führt, geringer sein. Dieser Verbilligung der Vorarbeit steht dann aber in der Fertigung eine Verteuerung durch die Zunahme der Passfugen gegenüber. Bedenkt man, daß in vielen Fällen auch in den großen Bausteinen noch eine Anzahl unvermeidlicher Passfugen vorhanden ist, so erkennt man, daß meist die Aufteilung in eine größere Anzahl kleiner Bausteine wirtschaftlicher sein wird.

Die mehrfache Verwendbarkeit der gleichen Bausteine führt zu *größeren Fertigungslosen* und ermöglicht damit eine wirtschaftlichere Fertigung. Das hat zur Folge, daß ständig ein größerer Vorrat der verschiedenen Bausteine für den Zusammenbau verfügbar sein muß. Dieser Bausteinvorrat bedingt *größere Fertiglager* als bei einer anderen Fertigung. Umgekehrt werden aber beim Baukasten die *Ersatzteilläger kleiner* ausfallen, da ja gleiche Teile für viele verschiedene Kombinationen gebraucht werden. Sowohl das größere Vorratslager fertiger Bausteine, als auch das kleinere, aber für viele Kombinationen Teile enthaltende Ersatzteillager bringen den Vorzug der *schnellen Liefermöglichkeit* von Kombinationen, Bausteinen und Ersatzteilen. Als Beispiel dafür mag der Getriebebaukasten stehen, der bei den Baukastenbeschreibungen im

Abschn. 17 näher beschrieben ist. Von diesem Baukasten wird in der Werbung gesagt, er ergebe mit 182 verschiedenen vorrätigen Einbauteilen 1050 verschiedene Getriebe, wobei kleinere Getriebe in zwei bis vier Wochen und größere in zwei bis vier Monaten geliefert werden können.

HEGNER [*10*] nennt für nach dem Baukastensystem zusammengestellte Werkzeugmaschinen aus Baueinheiten eine *Senkung der Konstruktionskosten* auf den dritten bis vierten Teil dessen, was bei einer Sondermaschine erforderlich wäre (dabei sind die Baueinheiten als vorhanden vorausgesetzt), gleichbedeutend mit einer ebensolchen *Ersparnis an Konstruktionszeit*;

einen Wegfall oder wenigstens eine *Senkung der Modellkosten*, da höchstens für das Maschinengestell noch ein Gußmodell oder ein Stahlschweißgestell benötigt wird;

eine erhebliche *Arbeitsersparnis in der Arbeitsvorbereitung*, da nur die Fertigung der zusätzlich zu den Einheiten gebrauchten Teile zu planen ist;

eine *Verringerung der Herstellkosten*, da die in Serien hergestellten, fertig bezogenen Baueinheiten billiger sind als selbst gefertigte Sonderkonstruktionen;

eine *erhebliche Zeitersparnis* in sämtlichen genannten Arbeitsetappen, weil auf fertige Einheiten zurückgegriffen wird.

Ein Zahlenbeispiel aus der Praxis, das HEGNER anführt, weist für eine Sondermaschine aus Baueinheiten eine Ersparnis an Kosten von etwa 50% und eine Zeitersparnis von etwa 72% aus.

Den ebengenannten Gesichtspunkten stehen andere gegenüber, die gelegentlich gegen das Baukastensystem sprechen können. Das *Gewicht von Bausteinkombinationen* kann größer sein, als das Gewicht einer Sonderkonstruktion, zum Beispiel deshalb, weil Fugen weitere Flanschen erfordern oder weil Bausteine benutzt werden, die nicht voll ausgenutzt sind.

Den Bedenken, daß mehr Fugen die Steifigkeit eines Körpers verringern, ist SCHLOSSER [*65*] nachgegangen. In einer Untersuchung im Institut für Werkzeugmaschinen und Umformtechnik der Technischen Hochschule Hannover hat er nachgewiesen, daß die Zunahme der Nachgiebigkeit durch eine Fuge durch geeignete Flanschen und sinnvolle Anordnung von Schrauben wettgemacht werden kann.

In der *Wahl seiner Lieferanten* ist der Benutzer eines Baukastens gebunden, da er ja ein einmal angenommenes Baukastenerzeugnis nicht fallen lassen wird. Die Bindung an den Lieferanten entfällt lediglich dann, wenn das Baukastenerzeugnis nicht einem werksgenormten Baukasten entstammt, sondern in den Normen einer Firmengruppe, einer Fachnorm oder gar einer DIN-Norm festgelegt ist. Das hat zur Folge, daß manche Industrieunternehmen bestimmte Erzeugnisgruppen nur noch von einem Lieferanten beziehen.

6 Ordnung der Baukästen

Innerhalb des Baukastensystems sind verschieden aufgebaute Baukästen möglich, deren jedem bestimmte Kombinationsarten der Bausteine zugrunde liegen. Eine sinnvolle Ordnung dieser Möglichkeiten läßt die zugrunde liegenden Gesetze erkennen.

61 Ordnung nach Nasvytis

Schon Nasvytis [*18*] hat eine solche Ordnung zu schaffen versucht und kam zu folgendem Bild:

Der allgemeine Baukasten besteht aus einem Vorrat von Bausteinen, aus dem durch Auswahl und Kombination der Bausteine Gegenstände geschaffen werden. Dazu gehören:

Der einfache Baukasten, der nur Bausteine enthält, die selbst eine erstrebte Eigenschaft verkörpern und durch Kombination diese Eigenschaft qualitativ oder quantitativ vergrößern oder verkleinern (zum Beispiel Zahlensystem, Gewichte, Endmaße) und

der Baukasten der räumlichen Umstellung, der entweder

eine bestimmte Anzahl verschiedener Bausteine enthält, die durch andere räumliche Anordnung andere Gegenstände zu bilden vermögen (Sonderfall *Vollkommener Baukasten,* bei dem in jeder Kombination alle vorhandenen Bausteine benutzt werden; vgl. Bild 8) oder

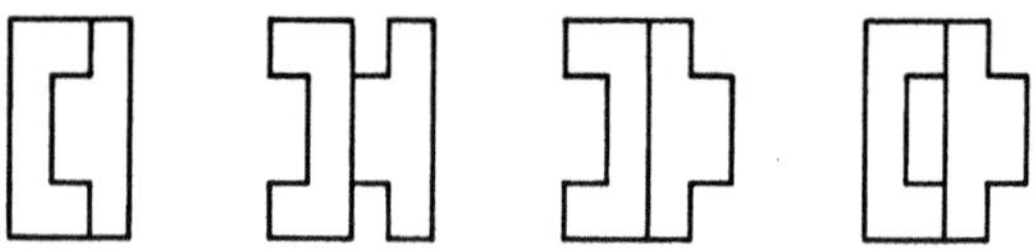

Bild 8. „Vollkommener Baukasten"

eine gleiche oder verschiedene Anzahl gleicher Bausteine enthält, die durch räumliche Umstellung neue Gegenstände bilden können (zum Beispiel Mosaik, Ziegelmauerwerk).

Der variierende Baukasten steht dem allgemeinen Baukasten gegenüber in zwei Formen:

Der Baukasten ist Teil eines Gegenstandes (zum Beispiel die Formelemente der Schlüsselbärte bei Türschlüsseln s. Bild 9) oder

ein Gegenstand erhält durch Anschluß von Bausteinen ein wechselndes äußeres Bild (zum Beispiel Uhren mit verschiedenen Gehäusen, Zifferblattypen, Zifferblattbeschriftungen, Zeigern).

Der kombinierte Baukasten verbindet die Kennzeichen des allgemeinen und des variierenden Baukastens.

Diese Ordnung birgt die Gefahr in sich, daß der Begriff des Baukastens zu weit gefaßt wird und dadurch an den Grenzen verschwimmt. Der

Unterschied zwischen Systemen, die nur mit Bausteinen arbeiten (= Baukastensysteme) und Systemen, die mit Bausteinen *und* Sonderteilen arbeiten (= Mischsysteme), muß deutlich herausgestellt werden.

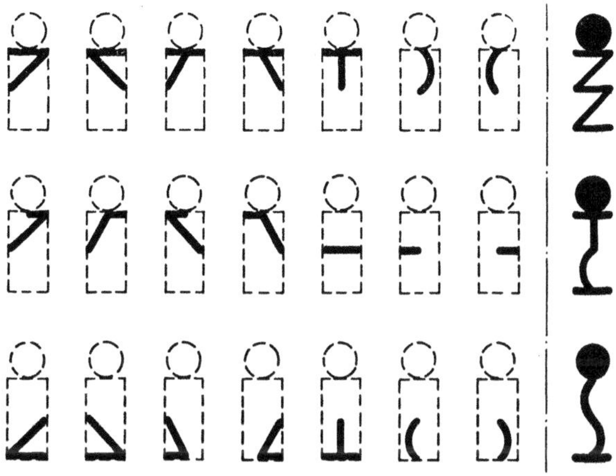

Bild 9. Formelelemente von Schlüsselbärten

62 Ordnung nach der Reinheit des Systems

Innerhalb der Definition des Baukastensystems ist eine Reihe verschieden aufgebauter Baukästen möglich (s. Abschn. 46). Eine Ordnung dieser verschiedenen Baukästen ist aus zwei Gründen zweckmäßig:

Durch Vergleich mit dieser Ordnung lassen sich vorhandene Konstruktionsweisen als Baukästen oder Nicht-Baukästen erkennen.

Bei der Schaffung neuer Baukästen gibt diese Ordnung einen Überblick über die vorhandenen Möglichkeiten.

Grundsätzlich kann ein Baukastensystem nur Bausteine enthalten. Teile, die nicht Bausteincharakter haben, also nicht bewußt als Bausteine geschaffen worden sind und nicht in verschiedenen Gegenständen benutzt werden, werden deshalb im folgenden als „Nicht-Bausteine" bezeichnet. Diese Feststellung ist nötig, um das Baukastensystem klar abgrenzen zu können. Ordnet man Konstruktionsweisen nach der Reinheit des Systems, das heißt nach dem Aufbau nur aus Bausteinen oder aus Bausteinen und Nicht-Bausteinen, so ergibt sich eine klare Ordnung der Baukästen und zugleich eine deutliche Abgrenzung.

Zunächst sind *Baukästen mit Bausteinen gleicher Rangordnung* und solche *mit Bausteinen verschiedener Rangordnung* zu unterscheiden. Als Bausteine höherer Rangordnung sind zum Beispiel solche zu betrachten, die durch kleinere Bausteine ausgerüstet oder zusammengefügt werden, oder jene, die dank ihrer besonderen Funktion als bevorzugte Bausteine zu betrachten sind (s. Abschn. 33).

Bei den
Baukästen mit Bausteinen gleicher Rangordnung
sind zu unterscheiden

Baukästen mit nur gleichen Bausteinen,
Baukästen mit nur verschiedenen Bausteinen,
Baukästen mit gleichen und verschiedenen Bausteinen.

Bei den
Baukästen mit Bausteinen verschiedener Rangordnung
kann die Benutzungsart der Bausteine niederen Ranges verschieden sein, so daß man zweckmäßig unterscheidet zwischen Baukästen, in denen

Kleinbausteine zur Ausrüstung größerer Bausteine,
Kleinbausteine als Zubehör der Großbausteine oder
Kleinbausteine zum Fügen der Großbausteine dienen.

Im Gegensatz zu den vorgenannten Bauweisen stehen die *Mischsysteme*, in denen *Bausteine und Nicht-Bausteine gemeinsam* vorkommen. Nach der Definition des Baukastensystems besteht der Baukasten aus einer Sammlung genormter Bausteine. So kann in einer gemischten Bauweise nur das als Baukasten bezeichnet werden, was allein aus Bausteinen aufgebaut ist. Diese Unterscheidung erscheint auch schon deshalb angebracht, weil die gemischten Bauweisen nicht soviele Kombinationsmöglichkeiten bieten wie reine Baukästen. Erst für Gebilde, die restlos aus Bausteinen aufgebaut sind, ergeben sich alle Eigenheiten des Baukastensystems in vollem Umfange.

Es ist demnach wohl zu unterscheiden zwischen den Baukästen, die vollständige Gebilde zu schaffen vermögen und den Baukästen, die Teilstücke fertiger Gebilde ergeben. *Baukästen im Mischsystem* werden zweckmäßig nach der Art des Zusammenwirkens von Bausteinen und Nicht-Bausteinen unterschieden:

Baukästen zur Ausrüstung von Nicht-Bausteinen.
Baukästen als Zubehör von Nicht-Bausteinen.
Baukästen zum Fügen von Nicht-Bausteinen.

Diese eben systematisch geordneten neun Möglichkeiten zeigt Bild 10. Um auch optisch die Ordnung deutlich werden zu lassen, sind in diesem Bild die Bausteine als Quadrate, die Nicht-Bausteine als Sterne eingetragen. Bausteine höherer Ordnung oder bevorzugte Bausteine sind größer gezeichnet als die anderen. Verschiedene gleichberechtigte Bausteine sind durch verschiedene Buchstaben, entsprechend verschiedenen Funktionen, Formen, Farben usw. gekennzeichnet.

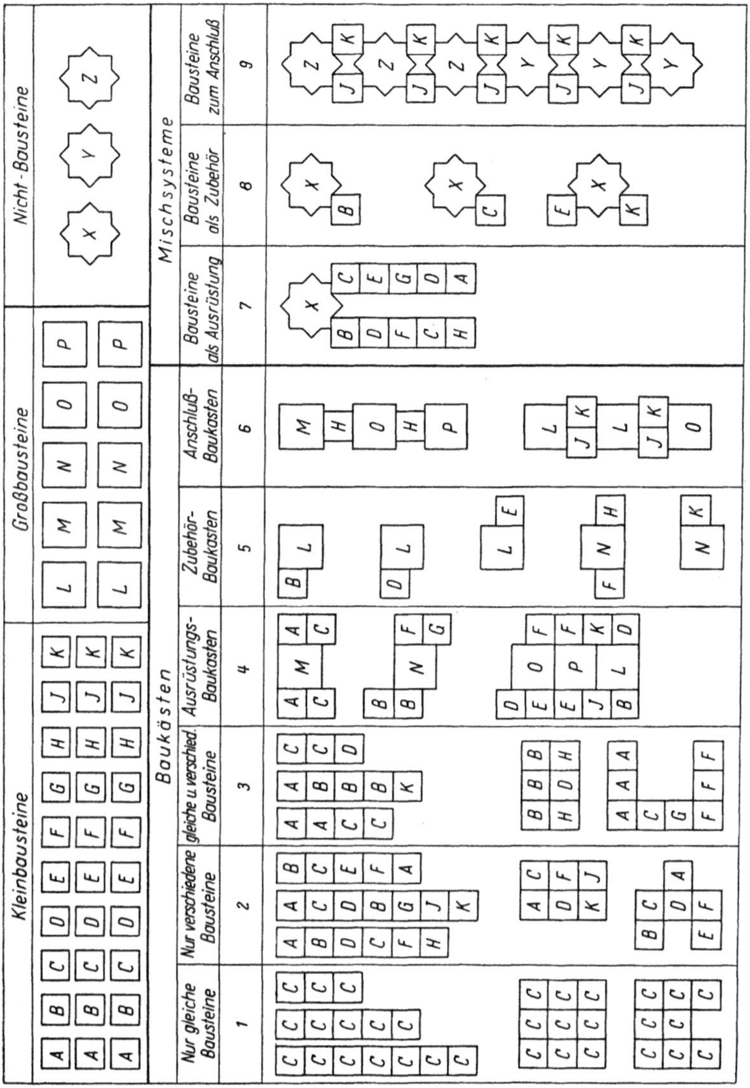

Bild 10. Baukasten-Typen

Im folgenden sollen einige Beispiele die Ordnung näher erläutern.

621 Baukästen mit nur gleichen Bausteinen. Ein altbekanntes Beispiel für diese Gruppe ist der Bau mit nur einer Sorte von Ziegeln. Zahl und Anordnung der Ziegel ermöglichen die Zusammenstellung einer unabsehbaren Vielzahl von Kombinationen.

Im Maschinenbau bieten die Tellerfedern ein ähnliches Bild. Verschiedene Kombinationsarten sind im Bild 11 dargestellt.

Eine *einzelne Tellerfeder* (Pos. 1) federt unter einer Last P um den Betrag f durch. Ihre Federzahl ist $c = P/f$. Im HOOKEschen Bereich – auf den sich die Betrachtung beschränkt – ist die Federkennlinie annähernd gerade.

Reiht man *n Tellerfedern* (Pos. 2) *aneinander*, so ergibt sich bei gleicher Last P die Durchfederung $n \cdot f$. Für das Federpaket ist die Federzahl jetzt $c = \frac{P}{f \cdot n}$. Die Federkennlinie verläuft flacher, die Feder ist weicher geworden.

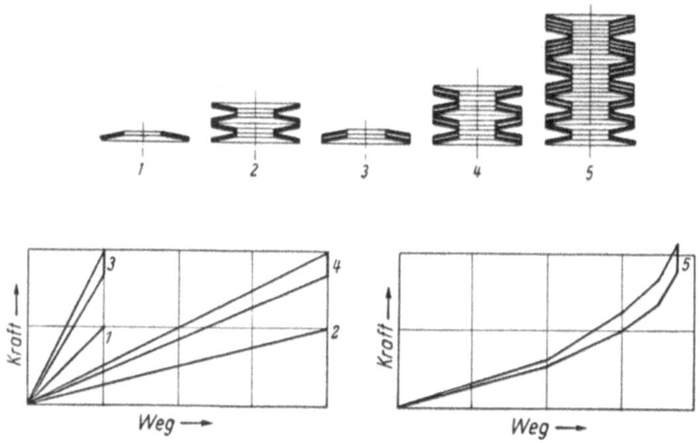

Bild 11. Kombinationsarten gleicher Tellerfedern

Legt man x Tellerfedern aufeinander (Pos. 3), so wird die gleiche Durchfederung f wie vorher erst mit der Last $x \cdot P$ erreicht. Die Federzahl dieser Kombination ist also $c = \frac{x \cdot P}{f}$. Die Feder ist härter geworden, die Kennlinie verläuft steiler. Durch die Reibung der Federn aufeinander tritt jetzt eine Dämpfung ein, die unterschiedliche Kennlinien für Be- und Entlastung der Feder zur Folge hat.

Werden nun *n Pakete aus je x Federn* (Pos. 4) zusammengepackt, so ergibt sich unter der Last $x \cdot P$ eine Durchfederung $n \cdot f$. Die damit erhaltene Federzahl ist $c_{xn} = \frac{x \cdot P}{n \cdot f}$. Im Vergleich zu der Kombination in Pos. 3 ist diese Feder bei gleicher Last $x \cdot P$ weicher geworden, die Kennlinie verläuft flacher.

Die Zusammenstellung einer *Federsäule aus Gruppen mit verschiedenem x* (Pos. 5) ergibt eine Feder mit nichtlinearer Kennlinie. Bei Belastung dieser Säule machen zunächst die Pakete mit dem niedrigsten x die größten Federwege und lassen dadurch im Anfang die Feder weich erscheinen. Bei Erreichen einer bestimmten Last liegen diese Federn flach aufeinander und die härtere Federung der Pakete mit dem nächstgrößeren x knickt von hier an die Kennlinie zu steilerem Verlauf.

Weitere Kombinationen ergeben sich, wenn Tellerfedern mit gleichen Durchmessern, aber anderen Blechdicken hinzutreten. Sowie das geschieht, geht der Baukasten mit nur gleichen Bausteinen in den mit gleichen und verschiedenen über!

622 Baukästen mit nur verschiedenen Bausteinen. Ein altbekannter Baukasten dieser Art ist bei Kindern beliebt: Er enthält eine Anzahl gleich großer Holzwürfel, die in einer Ebene zusammengelegt sechs verschiedene Bilder ergeben, die sich aus den Bildausschnitten summieren, die auf den sechs Seiten der Einzelwürfel aufgeklebt sind. Durch die aufgeklebten Bildausschnitte sind alle Würfel verschieden. Durch Nachobenkehren anderer Würfelseiten ergeben sich aus dem gleichen Vorrat verschiedener Bausteine die sechs möglichen Bilder.

In der Technik sind Endmaßsätze, sofern sie nur die Maßblöcke selbst enthalten, Baukästen mit nur verschiedenen Bausteinen. Ein einfacher Endmaßsatz ist zum Beispiel wie folgt aufgebaut:

1,001	– 1,002	– 1,003	–	– 1,009	mm	= 9 Blöcke
1,01	– 1,02	– 1,03	–	– 1,09	mm	= 9 Blöcke
1,1	– 1,2	– 1,3	–	– 1,9	mm	= 9 Blöcke
1	– 2	– 3	–	– 9	mm	= 9 Blöcke
10	– 20	– 30	–	– 90		= 9 Blöcke
						Insgesamt 45 Blöcke

Bei einem Schritt von $^1/_{1000}$ mm sind hier jeweils bis zu 5 Blöcke nötig, um ein Maß zu bilden. Eine andere Art von Endmaßbaukästen, die mit vier Blöcken je Maß auskommen, zeigt Bild 12. — Hier wird deutlich, daß der Baukasten einen Kern besitzt, der je nach Bedarf durch 1 bis 20 Blöcke ergänzt wird. Er ähnelt darin den im Abschn. 624 beschriebenen Ausrüstungsbaukästen. Er kann allerdings nicht zu diesen gerechnet werden, da bei ihm der Kern aus Bausteinen besteht, die mit den zur „Ausrüstung" benutzten gleichberechtigt sind, während im Ausrüstungsbaukasten der Kern aus einem oder mehreren bevorzugten Bausteinen besteht.

Treten zu den Maßblöcken allerdings noch Zubehörteile, zum Beispiel Meßschnäbel und Endmaßhalter, dann ist der ganze Baukasten als Zubehörbaukasten, wie er im Abschn. 625 beschrieben wird, einzuordnen.

Schöne Beispiele aus der Elektrotechnik bieten das Mosaikstein-Netzbild (Bild 13) für elektrische Schaltanlagen und der Aufbau von Befehls- und Meldegeräten aus Tastschaltern und verschiedenartigen Betätigungsgliedern, Leuchttastern, Meldeelementen usw.

Kern			Zusatz 1	Zusatz 2	Zusatz 3	Zusatz 4
1,01	0,5	10	1,005	1,001	1,0005	1,00025
1,02	1,0	20		1,002	1,0015	1,00075
1,03	1,5	30		1,003	1,0025	1,00125
1,04	2,0	40		1,004	1,0035	1,00175
.	2,5	.		1,006	1,0045	1,00225
.	.	.		1,007	1,0055	1,00275
.	.	.		1,008	1,0065	1,00325
.	.	.		1,009	1,0075	1,00375
.	.	.			1,0085	1,00425
.	.	.			1,0095	1,00475
.	.	.				1,00525
.	.	.				1,00575
.	.	.				1,00625
.	.	.				1,00675
.	.	.				1,00725
.	.	.				1,00775
.	.	.				1,00825
.	.	.				1,00875
.	.	.				1,00925
.	.	.				1,00975
1,47	8,5	80				
1,48	9,0	90				
1,49	9,5	100				
49	19	10				
Kern: 78 Blöcke			Zusatz 1, 1 Bl.	Zusatz 2, 8 Bl.	Zusatz 3, 10 Bl.	Zusatz 4, 20 Bl.

Baukasten A ← 79 Blöcke → Schritt 5/1000 (Kern + Zusatz 1)

Baukasten B ← 87 Blöcke → Schritt 1/1000 (Kern + Zusatz 1 + Zusatz 2)

Baukasten C ← 97 Blöcke → Schritt 5/10000 (Kern + Zusatz 1 + Zusatz 2 + Zusatz 3)

Baukasten D ← 117 Blöcke → Schritt 2,5/10000 (Kern + Zusatz 1 + Zusatz 2 + Zusatz 3 + Zusatz 4)

Beispiele für die Maßbildung

Baukasten A	Baukasten B	Baukasten C	Baukasten D
70	70	70	70
1	1	1	1
1,47	1,47	1,47	1,47
1,005	1,006	1,0065	1,00675
73,475	73,476	73,4765	73,47675

Bild 12. Endmaßsätze als Beispiel für Baukästen mit nur verschiedenen Bausteinen

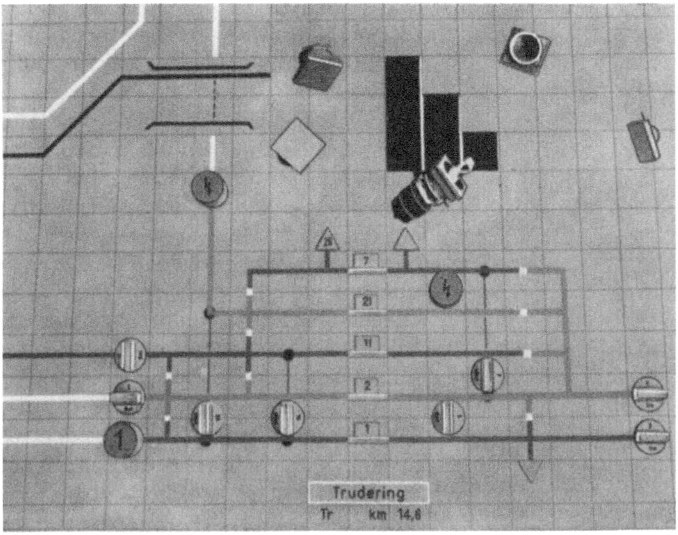

Bild 13. Mosaikstein-Netzbild (Siemens-Schuckert-Werke AG)

623 Baukästen mit gleichen und verschiedenen Bausteinen. Baukästen dieser Art sind sehr zahlreich. Ein sinnfälliges Beispiel bietet der Baukasten Stahlrohrgerüste. Derartige Gerüste wurden zunächst beim Hochbau viel benutzt, weil sie zweckmäßig und betriebssicher sind. Nach ihrem Vorbild wurden ähnliche Rohrgestell-Baukästen für Lagergestelle und ähnliches entwickelt. Ihre Bausteine sind

Rohre gleichen Durchmessers und verschiedener Länge, zum Beispiel 1,5–3–6 m,

feste Schellen zur Verbindung rechtwinklig sich kreuzender Rohre,

drehbare Schellen zur Verbindung schiefwinklig sich kreuzender Rohre,

Fußrollen zum Einstecken in die Rohre, für fahrbare Gerüste.

Von diesen Bausteinarten wählt sich der Benutzer die ihm erforderlich scheinenden Stückzahlen jeder Art aus und stellt sich so seinen Baukasten nach eigener Wahl zusammen.

Es gibt Baukästen, deren Einordnung je nach Zusammenstellung verschieden ist. Sie können ihre Aufgabe sowohl mit nur verschiedenen als auch mit gleichen und verschiedenen Bausteinen erfüllen. Ein Beispiel dafür sind die folgenden Gewichtssätze:

A)	100 – 200 – 400 – 700 g				B)	100 – 200 – 200 – 500 g			
	10 – 20 – 40 – 70 g					10 – 20 – 20 – 50 g			
	1 – 2 – 4 – 7 g					1 – 2 – 2 – 5 g			

Bild 14. Nockenschalter (Brown, Boveri & Cie. AG)

Die Baukästen A und B haben weitgehend gleiche Bausteine, erfüllen im großen und ganzen auch den gleichen Zweck. Bei näherem Zusehen bestehen aber Unterschiede: Bei A sind in jeder Dekade nur zwei Bausteine nötig, um ein Maß zu bilden. Bei B sind für einige Maße drei Bausteine nötig. Zum Beispiel $8 = 5 + 2 + 1$ oder $7 + 1$. Geht bei B ein Zweierstein verloren, so kann man mit Hilfe einer Waage behelfsmäßig einen Ersatzstein gleich dem anderen Zweierstein herstellen. Das ist bisweilen ein grundsätzlicher Vorteil der Baukästen mit gleichen und verschiedenen Bausteinen.

624 Ausrüstungsbaukästen. Unter dieser Bezeichnung werden die Baukästen verstanden, zu deren Bausteinvorrat Großbausteine und Kleinbausteine gehören, wobei die Großbausteine allein keine selbständige Funktion haben, sondern erst durch die Ausrüstung mit Kleinbausteinen ein vollständiges Ganzes ergeben.

Ein Beispiel dafür ist der Baukasten, der als Großbausteine mehrere Uhrwerke enthält und als Kleinbausteine dazu passende Zifferblätter, Zeiger und Gehäuse. Ein solcher Baukasten besteht zum Beispiel aus

6 verschiedenen Uhrwerken	= 6 Großbausteinen
48 verschiedenen Zifferblättern	
6 verschiedenen Zeigerpaaren	
12 verschiedenen Gehäusen	= 66 Kleinbausteinen.

Andere Beispiele dafür sind die Reihenklemmen in elektrischen Schaltanlagen, die als Kleinbausteine auf den Halteschienen als Großbausteinen aufgebaut werden oder Nockenschalter (Bild 14), die zunächst aus der Frontplatte mit Schaltgriff und -welle bestehen und an denen je nach Schaltaufgabe viele und auch verschiedene Schaltwerke angesetzt werden können.

625 Zubehörbaukästen. Um eine klare Abgrenzung gegenüber den Ausrüstungsbaukästen zu erreichen, werden die Begriffe „Ausrüstung" und „Zubehör" zunächst betrachtet.

Zur *Ausrüstung* gehören bei einem Gebilde die Teile, die einem vorgegebenem Kern *angebaut werden müssen*, um ein funktionsfähiges

Ganzes zu ergeben. Der Begriff wird in diesem Sinne bereits im Schiffbau gebraucht, wo ein vom Stapel gelaufenes Schiff am Ausrüstungspier fertiggestellt wird. Ausrüstungsteile sind also *notwendige Teile*.

Zum *Zubehör* hingegen gehören alle die Teile, die einem vorhandenen, fertigen Gebilde noch zusätzlich *angebaut werden können*. Der Begriff Zubehör wird in diesem Sinne zum Beispiel im Kraftfahrzeugbau benutzt, wo Nebellampen, Rückfahrtscheinwerfer, Rundfunkempfänger, Schonbezüge und andere Teile zusätzlich zum fertigen Kraftwagen kommen können. Zubehörteile sind also *keine* notwendigen Teile.

Die Unterscheidung wird an zwei Beispielen ganz deutlich: Ein Baukasten für Zahnradgetriebe, in dem Getriebegehäuse als Großbausteine mit verschiedenen Räderpaaren als Kleinbausteinen ausgerüstet werden können, ist eindeutig ein Ausrüstungsbaukasten.

Ein Endmaßkasten, der nur Maßblöcke enthält ist ein verwendungsfähiges, vollständiges Ganzes. Durch Hinzutreten bevorzugter Bausteine wie Endmaßhalter, Endmaßverbinder, Meßschnäbel, Hartmetall-Schutzendmaße und anderer Teile wird er zum Zubehörbaukasten, dessen Anwendungsbereich durch das Hinzutreten der Zubehörteile erweitert ist.

626 Anschlußbaukästen. Unter dieser Bezeichnung sollen in Zukunft die Baukästen verstanden werden, in denen Großbausteine durch Kleinbausteine zusammengefügt werden. Das Bild der fertigen Erzeugnisse wird hier ausschließlich durch die Großbausteine bestimmt. Dennoch sind die Kleinbausteine dabei von entscheidender Bedeutung, weil ohne sie das Zusammenfügen der Großbausteine nicht möglich wäre. Die Anschlußbaukästen haben damit eine Ähnlichkeit mit den Ausrüstungsbaukästen, in denen ja auch die Kleinbausteine notwendige Teile darstellen, werden aber zweckmäßig doch von diesen getrennt. In Anschlußbaukästen haben die Kleinbausteine nur den Zweck, die Großbausteine in geeigneter Form zu verbinden.

Beispiele dafür sind die Berieselungsleitungen in der Landwirtschaft und die Blasversatzleitungen im Bergbau. In beiden Fällen sind die Baukästen zunächst an den Bausteinen „Rohr", die als gerade oder gekrümmte Rohre verschiedener Längen und Weiten, und als Verzweigungen vorkommen, zu erkennen. Das sind aber nur die Großbausteine. Bei genauer Betrachtung erkennt man, daß der Wert dieser Baukästen zum großen Teil durch die Rohrverbindungen bestimmt wird. Die Verbindungen sollen leicht und schnell anzubringen und zu lösen sein, sollen zuverlässig dichten und gewisse Verschiebungen oder Drehungen der Rohre gegeneinander ermöglichen. Die hervorragende Bedeutung der Kleinbausteine in diesem Baukasten wird daran deutlich.

Beispielhaft sind an dieser Stelle auch die automatischen Maschinenfließreihen nach DOLEZALEK [*6*] zu nennen, in denen Baueinheiten für Werkzeugmaschinen zusammengestellt sind. Hier ist es gelungen, nicht nur einzelne Werkzeugmaschinen aus Baueinheiten aufzubauen, sondern in Form von VDI-Richtlinien Normen zu schaffen, die den Aufbau ganzer Maschinenfließreihen ermöglichen. Dem Anschlußbaustein „Schraube", der das ermöglicht, wurde dabei besondere Sorgfalt gewidmet. Durch nach amerikanischem Vorbild festgelegte Bohrungsmaße und einen Lochteilungsplan für die Anordnung der Anschlußschrauben wird der Zusammenbau möglich.

Außer den vorbeschriebenen sechs Arten von Baukästen, die fertige Erzeugnisse allein aus Bausteinen zusammenzustellen erlauben, sind viele Bauweisen bekannt, die Gebilde aus Nicht-Bausteinen und Bausteinen schaffen und deshalb als *Mischsysteme* bezeichnet werden müssen. Obwohl sie in der Werbung oft auch als Baukästen bezeichnet werden, erscheint es sinnvoll, in solchen Mischsystemen nur den allein aus Bausteinen zusammengestellten Teil als Baukasten zu bezeichnen. Werden also beispielsweise Dieselmotoren unter Benutzung des Baukastensystems gebaut, indem zu Kurbelgehäusen, Kurbelwellen und Ölwannen, die für jeden Motortyp als Nicht-Baustein vorhanden sind, Zylinder mit Kolben und Pleuel als Bausteine hinzutreten, so umfaßt der eigentliche Baukasten eben nur die Zylinder mit Kolben, Pleueln und zugehörigen Teilen.

Da die Mischsysteme in der Technik oft benutzt werden und in der vorbeschriebenen Form Baukästen enthalten, sollen sie bei der Ordnung der Baukästen mit dargestellt werden.

627 Ausrüstungsbaukästen für Nicht-Bausteine. Diese Bauweise ähnelt den im Abschn. 624 beschriebenen Ausrüstungsbaukästen, die Großbausteine mit Kleinbausteinen ausrüsten, stark. An die Stelle der Großbausteine sind Nicht-Bausteine getreten, zu deren Vervollständigung Bausteine benutzt werden. Ein deutliches Beispiel dafür sind jene Werkzeugmaschinen, bei denen das Gestell eigens entworfen ist — beispielsweise als Schweißkonstruktion — und mit Aufbaueinheiten ausgerüstet die fertige Maschine ergibt. Der benutzte reine Baukasten heißt „Werkzeugmaschinen-Baueinheiten", von der fertigen Maschine kann nur gesagt werden, sie sei unter Benutzung des Baukastensystems aufgebaut.

Ein anderes Beispiel dafür sind die Rundfunk- und Fernsehgeräte, bei denen Gehäuse und Chassis für einen Apparat bestimmte, eigens entworfene Nicht-Bausteine sind, die mit genormten Bausteinen, zum Beispiel Röhrensockeln, Röhren, Kondensatoren, Widerständen, Spulensätzen usw. ausgerüstet werden. Ganz deutlich wird das bei den neuesten Geräten, bei denen eine Grundplatte mit gedruckter Schaltung von halb- oder vollautomatisch arbeitenden Maschinen mit den Bausteinen bestückt wird.

Schöne Beispiele dafür bietet auch der Kolben-Maschinenbau, der Zylinder, Kolben, Pleuel usw. als Bausteine zur Ausrüstung des Sonderteils Untergestell mit Kurbelwelle benutzt. Bild 15 zeigt derart aufgebaute Dampfmotore.

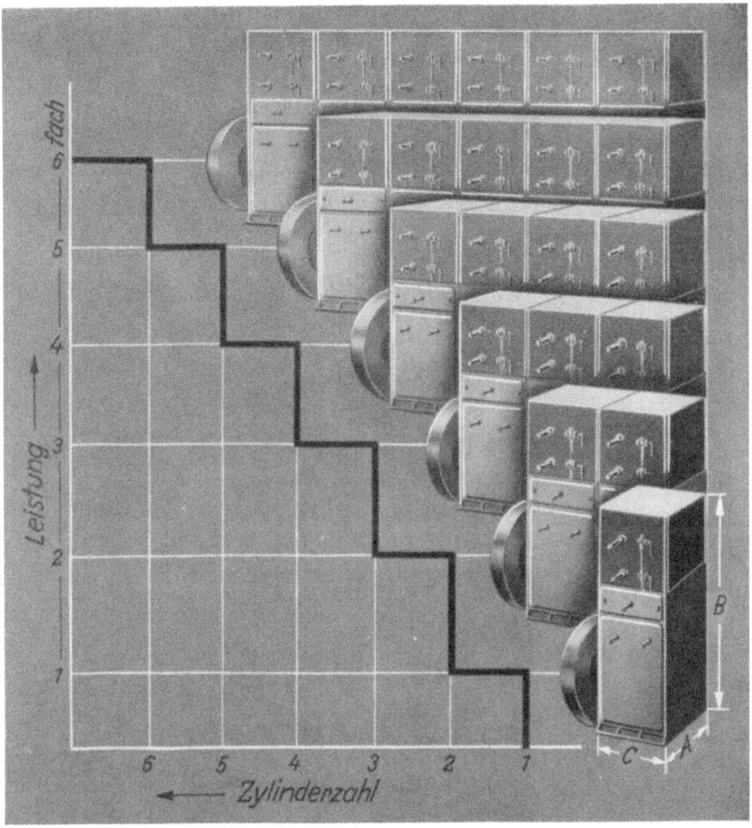

Bild 15. Dampfmotore (Spillingwerk GmbH, Hamburg)

628 Zubehörbaukästen für Nicht-Bausteine. Die Art der Zusammenstellung ähnelt in diesem Falle den im Abschn. 625 beschriebenen Zubehörbaukästen, wobei – wie oben – wieder an Stelle der Großbausteine Nicht-Bausteine benutzt werden. Die Nicht-Bausteine stellen dabei fertige, verwendungsfähige Gegenstände dar und erhalten durch Hinzufügen eines oder mehrerer Bausteine weitere zusätzliche Funktionsmöglichkeiten.

Ein Beispiel dafür bieten die Werkzeugschleifmaschinen. Die Schleifmaschine selbst stellt ein verwendungsbereites vollständiges Gebilde dar, das als Nicht-Baustein bezeichnet werden muß. Zusätzlich ist aber eine Anzahl verschiedener Teile verfügbar, die den Anwendungsbereich der Maschine durch Hinzunahme dieser Einrichtungen zu verbreitern

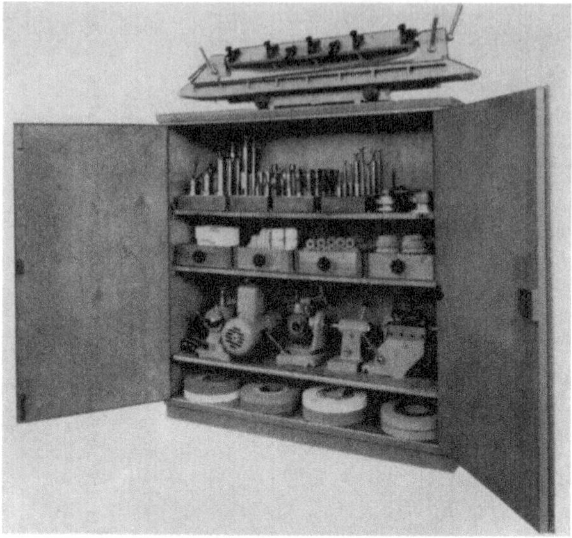

Bild 16. Werkzeugschleifmaschine mit Zubehör (Robert Blohm, Hamburg)

vermögen. Als Beispiel zeigt Bild 16 eine Werkzeugschleifmaschine der Firma Blohm mit Zubehör. Der Schrank mit den verschiedenen Teilen ist dabei als der Baukasten mit den Bausteinen anzusprechen. Als Bausteine sind verfügbar:

Reitstock,
Fräserspannbock,
Spannbock mit Hinterschleifeinrichtung,
Zahnstützengarnitur (zum Abstützen der Fräser beim Schleifen),
Spiralbohrerschleifeinrichtung,
Schraubigschleifeinrichtung (für schraubgenutete Werkzeuge),
Schleifvorrichtung für lange Werkzeuge,
Diamanthalter zum Abrichten der Scheiben,
Maschinenleuchte,
Spannplatte für Messerköpfe,
Kreissägenschärfeinrichtung,
Rundschleifeinrichtung,
Innenschleifeinrichtung,
Flachschleifeinrichtung,
Messerschleifeinrichtung,
Handhobelmesserschleifeinrichtung,
biegsame Welle,
Staubabsaugung,
Naßschleifeinrichtung.

Ähnlich, wenn auch nicht so vielseitig, sind Flachschleifmaschinen mit Zubehör-Bausteinen ausführbar.

629 Baukästen zum Fügen von Nicht-Bausteinen? Aus der Logik des Aufbaues der vorliegenden Ordnung ergibt sich diese Baukastengruppe, in der anstelle der Großbausteine in Abschn. 626 Nicht-Bausteine durch Bausteine aneinandergefügt werden. Als Baukästen solcher Bausteine könnte man zum Beispiel den Lagervorrat an Holzschrauben für die Tischlerei, an Sechskant- und Innensechskantschrauben für den Maschinenbau oder an Schlitzschrauben für die Feinmechanik nennen. Das Bild der damit verbundenen Teile läßt jedoch keinen Zusammenhang mit nach Baukastenart gebauten Erzeugnissen erkennen. Der Bausteincharakter der Füge-Elemente — obwohl diese zum größten Teil genormt sind — genügt nicht, um an den fertigen Gebilden Baukasteneigenschaften wirksam werden zu lassen. An dieser Stelle ist also die *Grenze des Baukastensystems* erreicht. Der Begriff Baukasten kann in Verbindung mit Gebilden dieser Art nicht mehr gebraucht werden!

63 Rangstufen und Auflösungsgrad

Die Ordnung der Baukästen nach der Reinheit des Systems ließ die Baukästen nach zwei Richtungen hin ordnen:

Baukästen mit gleichberechtigten Bausteinen und

Baukästen mit Groß- und Kleinbausteinen, das heißt mit Bausteinen verschiedener Rangstufen.

Im Abschn. 62 wurden nur zwei Rangstufen bei den Bausteinen vorgesehen. Die folgende Überlegung soll zeigen, daß diese Ordnung in manchen Fällen erweitert werden muß.

Es ist denkbar, daß die Bausteine eines nach dem Baukastensystem gebildeten Gegenstandes ihrerseits wieder aus Bausteinen einer niederen Rangstufe aufgebaut sind. Auch diese Bausteine niederer Rangstufe könnten ihrerseits aus noch kleineren Bausteinen aufgebaut sein. Dieser Überlegung liegt das immer weiter fortschreitende Zerlegen eines vollständigen Gebildes zugrunde. Treibt man diese gedankliche Auflösung eines Baukasten-Gebildes so weit, bis man bei den kleinsten Bausteinen, das heißt denen mit der niedrigsten, möglichen Rangstufe angekommen ist, so drängt sich ein Begriff auf, der angibt, wieweit man jeweils die Auflösung treiben kann:

der Auflösungsgrad.

Der Auflösungsgrad ist ein Maßstab dafür, wieviele Baukästen verschiedener Rangordnung in einem Gegenstand ineinander verschachtelt sind. An dieser Stelle bietet sich der Vergleich mit dem Begriff der Normentiefe an. So wie diese kennzeichnet, wieweit die Normung einen Gegenstand durchdrungen hat, so gibt der Auflösungsgrad an, wieweit ein Gegenstand von der Baukasten-Bauweise durchdrungen ist. Die Verwandtschaft von Normung und Baukastensystem wird auch hier wieder deutlich. Auflösungsgrad und Rangstufen sind in der bisherigen Ordnung der Baukästen noch nicht in vollem Umfang berücksichtigt.

Es tritt die Frage auf, wie häufig derartige Verschachtelungen verschiedener Baukästen sind und wie in solchen Fällen die Ordnung der Baukästen möglich ist. Im Bereich der Chemie gibt es ein ausgezeichnetes Beispiel für die Verschachtelung mehrerer Baukästen. Es ist der bereits im Abschn. 21 genannte Aufbau der Materie.

Bausteine der verschiedenen chemischen Verbindungen sind Molekülgruppen (z. B. in der Schwefelsäure die Gruppen H_2 und SO_4).

Bausteine der Molekülgruppen sind die Atome (z. B. in SO_4 ein Schwefelatom und vier Sauerstoffatome).

Bausteine der Atome sind die Elementarteilchen, das sind die Bestandteile der Atome, die Protonen, Neutronen und Elektronen.

Im Bereich der Technik bietet das Eisenbahnwesen ein Beispiel:

Eisenbahnzüge bestehen aus der Lokomotive und verschiedenen Wagen.

Eisenbahnwagen enthalten Fahrgestelle und Aufbauten.

Fahrgestelle enthalten die Radsätze, Träger und Federn.

Die konsequente Durchführung des Baukastensystems an dieser Stelle würde, wie das Beispiel zeigt, zu einem Baukastensystem hohen Auflösungsgrades führen.

Die Elektrotechnik bietet in neuerer Zeit mit den Baukästen für Transistor-Steuerungen hervorragende Beispiele für die Verschachtelung von Baukästen.

Größere Steuerschränke für die Steuerung größerer Anlagen enthalten als Bausteine Einschubgestelle für einzelne Funktionsgruppen. Diese Einschübe haben gleiche Außenmaße, gleiche Steckleisten zum Anschluß und können bei Störungen schnell ausgetauscht werden.

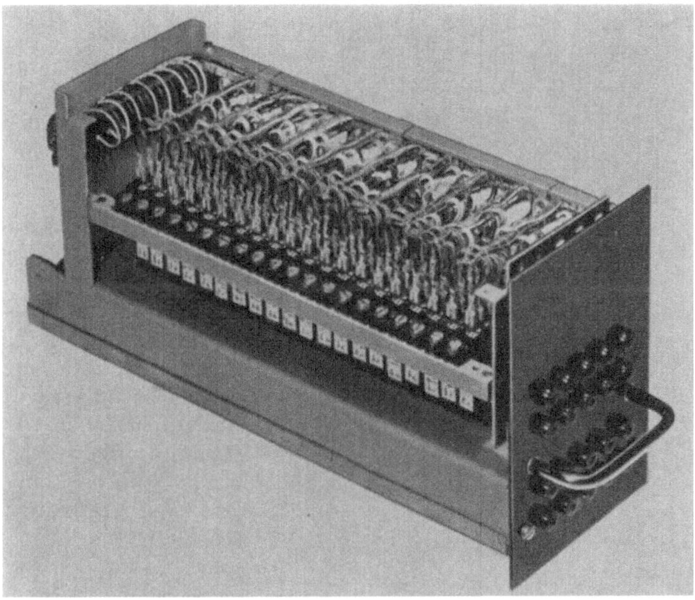

Bild 17. Einschub mit Transistor-Bausteinen (Siemens-Schuckert-Werke AG)

Die Einschübe selbst sind ebenfalls aus Bausteinen aufgebaut; außer den immer wieder gleichen Gestellbausteinen, Frontplatten und Steckleisten enthalten sie mit Transistoren bestückte Schaltglieder verschiedener Art und Zahl (Bild 17).

Diese Schaltglieder wiederum bestehen aus den kleinsten hier denkbaren Bausteinen: Widerständen, Kondensatoren, Gleichrichtern (Dioden), Transistoren, Grundplatten mit gedruckter Schaltung, Steckleisten und Schutzhauben (Bild 18).

So zeigt sich hier gerade ein Baukasten mit bemerkenswert hohem Auflösungsgrad.

Die Beispiele lassen bereits erkennen, daß bei dieser Verschachtelung mehrerer Baukästen eine Aufteilung in einzelne Baukästen, die in die

Ordnung nach Abschn. 62 eingegliedert werden können, möglich ist. In der Technik sind derartige Bauweisen noch selten. Das Bild 19 deutet an, wie man sich die Ordnung solcher Bauweisen vorstellen kann. Bausteine verschiedener Rangordnung sind hier in verschiedener Größe gezeichnet. Zwei Grenzfälle sind durch den linken und rechten Rand der dreieckigen Figur deutlich:

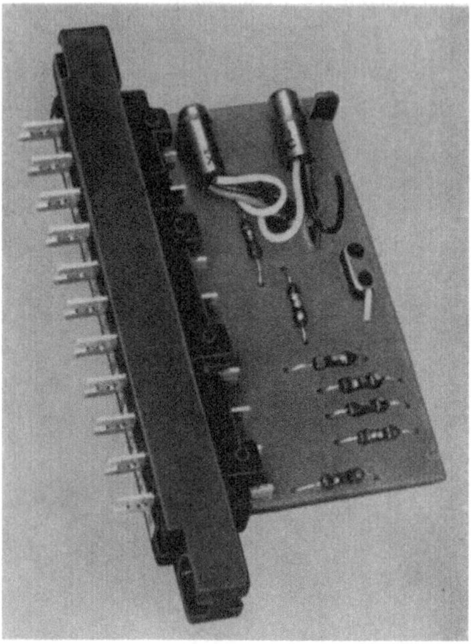

Bild 18. Transistor-Baustein (Siemens-Schuckert-Werke AG)

links: jede Rangstufe hat eigene Bausteine, die sich nicht mehr in kleinere zerlegen lassen.

rechts: Es gibt nur kleinste Bausteine und alle Bausteine höheren Ranges sind aus diesen zusammengestellt.

Eine Verschachtelung entsprechend der rechten Randlinie liegt bei dem erwähnten Beispiel des Aufbaues chemischer Verbindungen vor. Es leuchtet ein, daß bei einem derartigen Aufbau, bei dem die Bausteine alle wieder in kleinere zerlegt werden können, in jeder Rangstufe die Unterscheidung nach der Verwendung nur gleicher, nur verschiedener oder gleicher und verschiedener Bausteine, wie im Abschn. 62 beschrieben, möglich ist. Zwischen den beiden Randlinien liegen die Baukästen, in denen außer Bausteinen, die in kleinere zerlegt werden können, auch unteilbare Bausteine verschiedener Rangstufen vorkommen. Obwohl das Bild hier verwirrend scheint, muß doch auch hier in jeder Rangstufe die Ordnung nach der Art des Zusammenhanges zwischen Bausteinen verschiedener Rangordnung erfolgen. Das heißt, daß auch in diesem Fall Ausrüstungs-, Zubehör- und Anschlußbaukästen unterschieden werden können.

Diese Ordnung wird unübersichtlich, wenn auch noch Nicht-Bausteine vorkommen, so daß Mischsysteme vorliegen. Die Zahl der Möglichkeiten wird dann zu groß. Sinnvoll erscheint es deshalb grundsätzlich, Verschachtelungen von Baukästen so zu untersuchen, daß man in jeder

Rangstufe den Baukasten einzeln untersucht und einordnet und auf die Unterteilung der Bausteine in kleinere Bausteine erst jeweils bei der Untersuchung der nächsten Stufe eingeht.

Nach dieser Betrachtung erhebt sich logisch die Frage, wie weit die Unterteilung von Gegenständen in Bausteine überhaupt sinnvoll ist. Es leuchtet ein, daß die Unterteilung dann an einer Grenze enden muß, wenn sie bei weiterer Fortführung zu technischen oder wirtschaftlichen

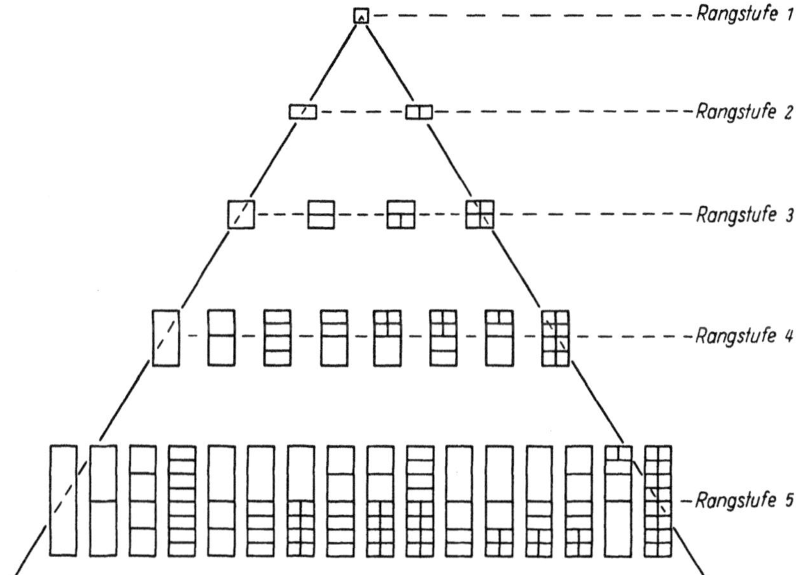

Bild 19. Rangstufen und Auflösungsgrad

Mängeln führen würde. Man kann sinnvoll von einer *technischen und einer wirtschaftlichen Untergrenze* sprechen, an der die Aufteilung in Bausteine aufhören muß. Bei Beachtung der Eigenschaften des Baukastensystems und der sich daraus ergebenden Gesichtspunkte für die Gestaltung der Bausteine (s. Abschn. 5 u. 71), läßt sich die Untergrenze in jedem Falle finden. Toleranzsummierungen und hoher Anteil an Fügearbeiten auf der technischen Seite, hoher Fügekostenanteil auf der wirtschaftlichen Seite sind einige markante Gesichtspunkte bei der Suche nach der Untergrenze.

7 Die Entwicklung des Baukastens

Der Entschluß, das Baukastensystem zu benutzen, kann zwei ganz verschiedenen Erwägungen entspringen. Der Hersteller technischer Erzeugnisse faßt ihn, um zu rationalisieren, um durch Vereinheitlichung zu größeren Stückzahlen zu gelangen und dementsprechend wirtschaftlicher zu fertigen. Der Benutzer technischer Erzeugnisse wird zur Benutzung eines Baukastens durch die leichte Umstellbarkeit der Baukastenkonstruktionen und durch die so erreichte Wendigkeit angeregt.

Wichtig ist die Feststellung, daß in beiden Fällen die Entwicklung eines Baukastens fast immer beim Hersteller der Bausteine liegen muß. denn auch die Baukästen, die dem Benutzer technischer Erzeugnisse dienen, müssen vom Hersteller vorgeplant sein. Der Aufbau von Erzeugnissen aus verschiedenen, nicht für einander bestimmten Elementen hat, da die Abstimmung an den Passstellen fehlt, die Vorteile des Baukastensystems nicht mehr in vollem Umfange. Diese Feststellung wird am Beispiel der Büromöbel deutlich, die erst durch ihre einheitliche, werksgenormte äußere Form und unter Umständen sogar durch die ebenfalls werksgenormte Form der Inneneinrichtung für ihren Benutzer den Charakter echter Bausteine erlangen.

Es gibt allerdings gewisse Fälle, in denen nicht der Hersteller, sondern der Benutzer technischer Erzeugnisse den Baukasten entwickelt. Der Fall tritt zum Beispiel dann ein, wenn ein Verbraucherkonzern Bausteine schafft, deren Lieferung er von Dritten verlangt. Das ist zum Beispiel bei der Bundesbahn der Fall, wo die Anschlußmaße der Bausteine in Gestalt der Spurweite, des Krümmungshalbmessers der Schienen in Kurven, der Art und Anordnung der Puffer, der zulässigen Achslast, des Lichtraumes und anderer Maße so festgelegt sind, daß verschiedene Hersteller Bausteine für den Baukasten des Benutzers (hier der Bundesbahn) zu liefern befähigt werden.

Deutlich wird aber auch, daß unabhängig davon, wer den Baukasten entwickelt, ohne Normung der Bausteine, sei es durch eine Werksnorm, eine Fachnorm oder eine DIN-Norm, kein funktionsfähiger Baukasten entstehen kann.

Der Entwicklungsgang eines Baukastens kann zwei verschiedene Wege gehen, je nachdem ob

durch die zu schaffenden Bausteine eine begrenzte Zahl technischer Erzeugnisse dargestellt werden soll,

oder ob durch die zu schaffenden Bausteine ein Vorrat von Funktionsträgern geschaffen werden soll, aus dem eine unbegrenzte Zahl technischer Erzeugnisse, die diese Funktionen enthalten, geschaffen werden kann.

Der erste Fall wird demnach gekennzeichnet durch ein Bild, das den Aufbau der verschiedenen Erzeugnisse eines Programmes aus den Bausteinen darstellt. Dieses Bild wird im folgenden als *Bauprogramm* bezeichnet. Als Beispiel eines derartigen Bauprogrammes zeigt das Bild 20 (Mauser-Werke, Waldeck) auf der linken Seite die Kombinationen eines Baukastens, hier Schreibtische, und auf der rechten Seite die dazu erforderlichen Bausteine.

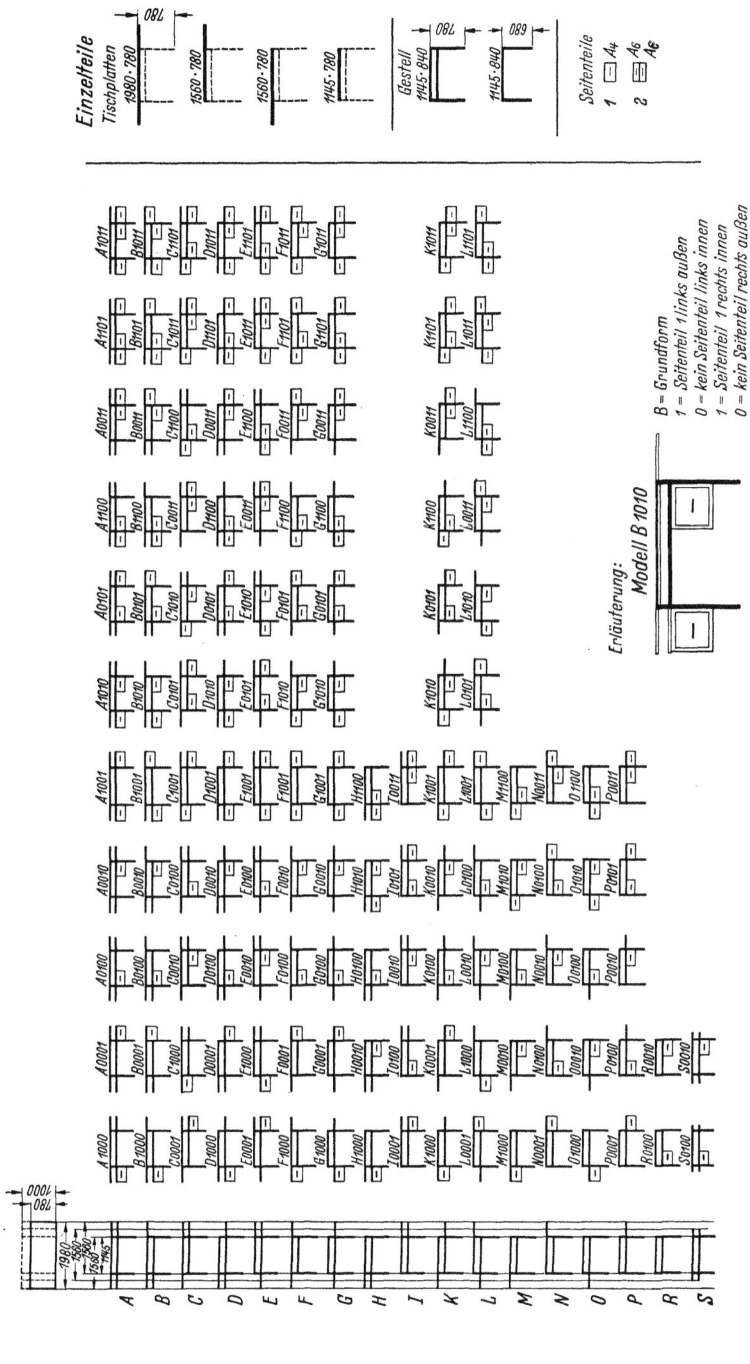

Bild 20. Bauprogramm für Schreibtische (Mauser-Werke, Waldeck)

Der zweite Fall, bei dem aus einem Vorrat von Bausteinen eine unbegrenzte Zahl von Erzeugnissen aufgebaut werden kann, ist durch ein anderes Bild zu kennzeichnen: den *Baumusterplan.* Dieses Bild zeigt nicht ein vollständiges Fertigungsprogramm, das unter Verwendung der Bausteine erreichbar wäre, sondern nur einige Kombinationen als beispielhafte Baumuster der Konstruktionen, die mit den vorhandenen Bausteinen geschaffen werden können. Am Baumusterplan für Anbauküchen, Bild 7, wird das deutlich. Im Baukasten befinden sich als Bausteine verschiedene Schränke, Unterteile, Anrichten, Tischplatten, Spültische, Wandschränke, Eckschränke usw. Daraus lassen sich viele verschiedene Kücheneinrichtungen zusammenstellen. Es ist also nicht möglich, ein Bauprogramm für Kücheneinrichtungen aufzustellen. An dessen Stelle tritt hier der im Bild gezeigte Baumusterplan, der einige Kücheneinrichtungen in verschiedener Ausführung und Größe zeigt, die beispielhaft für die mit den vorhandenen Bausteinen erreichbaren Möglichkeiten sind.

Der wesentliche Unterschied zwischen Bauprogramm und Baumusterplan ist also darin zu sehen, daß im *Bauprogramm sämtliche Kombinationsmöglichkeiten, die ausgeführt werden sollen, dargestellt sind.* Der *Baumusterplan zeigt dagegen nur kennzeichnende Kombinationsmöglichkeiten in sinnvoller Auswahl aus der möglichen unbegrenzten Vielzahl der Kombinationen.*

An den Beispielen in den Abschn. 71 und 72 wird das noch deutlicher werden.

71 Entwicklung eines Baukastens für eine begrenzte Zahl von Erzeugnissen (Bauprogramm)

Wie bei jeder bewußten Neuschöpfung muß auch der Entwicklung eines Baukastens eine klare Aufgabenstellung vorausgehen. In diesem Fall heißt das zunächst, daß der *Anwendungsbereich* des Baukastens genau festgelegt werden muß. Es genügt dabei nicht, nur an die Erzeugnisse zu denken, die im Augenblick gebraucht werden, sondern es müssen auch bereits die Dinge ins Bauprogramm mit einbezogen werden, die im Laufe der Zeit voraussichtlich noch benötigt werden oder werden könnten. Im anderen Falle besteht die Gefahr, daß der Baukasten schon nach kurzer Zeit nicht mehr ausreicht, die aufgewandte Arbeit würde sich schlecht rentieren.

Betrachten wir als Beispiel einer solchen Baukastenentwicklung den Bau von Dieselmotoren, wie er bei den Baukasten-Beschreibungen im Abschn. 21 beschrieben ist. Das Festlegen des Anwendungsbereiches kann hier darin bestanden haben, daß man beschloß, Motoren mit Leistungen von 5 bis 220 PS zu bauen, die als ortsfeste Motoren, Einbau-, Fahrzeug-, Schiffs- oder Triebwagenmotoren verwandt werden können. Je schärfer der Anwendungsbereich abgegrenzt werden kann, desto einfacher wird die folgende Arbeit.

Der Festlegung des Anwendungsbereiches muß eine *Typenbeschränkung* folgen. Es ist nicht möglich, alle Wünsche innerhalb des Anwendungsbereiches genau zu erfüllen. So kann zum Beispiel ein Getriebebaukasten die vom Kunden gewünschten Ausgangsdrehzahlen meist nicht genau, sondern nur mit einer Abweichung erreichen, deren Größe die Anzahl der Typen innerhalb des Anwendungsbereiches bestimmt. Ähnlich ist es beim Beispiel der Dieselmotoren. Auch hier können nicht alle denkbaren Leistungsgrößen innerhalb des Anwendungsbereiches gebaut werden. Es muß durch Typenbeschränkung eine sinnvolle Auswahl geschaffen werden. Somit besteht jetzt die Aufgabe, durch weise Beschränkung im Anwendungsbereich eine zweckmäßig gestufte Reihe zu schaffen, die einerseits den Kundenwünschen möglichst weitgehend entspricht und andererseits die erstrebten Fertigungsstückzahlen erreichen läßt. Dabei ist besonders darauf zu achten, daß sich keine Typen einschleichen, die sich durch ihre Art schlecht einfügen und möglicherweise später nicht in den Baukasten passen. Zur Typenbeschränkung gehört deshalb der bewußte Verzicht auf die Möglichkeit, alle Wünsche erfüllen zu können.

Für das Beispiel der Dieselmotoren kann diese Typenbeschränkung in der Festlegung bestehen, daß im Anwendungsbereich Reihenmotore mit 1, 2, 3, 4, 6 Zylindern und V-Motore mit 6, 8, 12 Zylindern vorgesehen werden.

Der nächste Schritt in der Baukastenentwicklung ist nun die *Elementarisierung*. Dieser Schritt ist sicher der schwierigste in der Entwicklung, denn nun müssen die festgelegten Typen in ihre Elemente zerlegt werden, und zwar in solche, die sich dazu eignen, später zu Bausteinen verarbeitet zu werden. Man muß also bemüht sein, gleiche Elemente in verschiedenen Gebilden zu finden und die Zahl verschiedener Elemente niedrig zu halten. Alle technischen Gesichtspunkte für die zweckentsprechende Ausführung der Erzeugnisse müssen dabei beachtet und gegeneinander abgewogen werden. Auf der anderen Seite muß aber auch an das zu entwickelnde System gedacht werden, das heißt die Eigenschaften des Baukastens und der Bausteine müssen beachtet werden.

Dieser schwierige Schritt läßt sich in dem gesteckten Rahmen nicht vollständig anhand eines Beispieles darlegen. Es läßt sich aber am Beispiel der Dieselmotoren ein wesentlicher Teil erkennen: Alle Motoren haben Zylinder, Zylinderköpfe, Ventile, Kolben, Kolbenbolzen, Pleuelstangen usw. in verschiedenen Stückzahlen. Diese Teile bieten sich deshalb als Elemente geradezu an. Kurbelwellen, Kurbelgehäuse, Ölwannen usw. sind dagegen in verschiedenen Größen nötig und nur mit großem Aufwand in wiederkehrende Elemente zu zerlegen. So wird das Ergebnis der Elementarisierung an dieser Stelle verständlich, die alle Teile, die sich um die Kurbelwelle gruppieren, zu einem Element zusammenfaßte. Als Ergebnis der Elementarisierung erscheinen einige wenige Baugrößen von Zylindern und eine Reihe verschiedener vollständiger Motorunterteile.

Der Elementarisierung folgt nun in übersichtlicher Darstellung die Aufzeichnung des *Bauprogramms*. Es zeigt den Aufbau der im Anwendungsbereich ausgewählten Typen aus den ermittelten Elementen, die später zu Bausteinen erhoben werden müssen. So betrachtet ist das Bauprogramm eine Baukastendarstellung, die mehreres erkennen läßt:

Anwendungsbereich
Typen
Elemente (Bausteine)
Aufbau der einzelnen Typen.

Zugleich ist das Bauprogramm aber auch eine übersichtliche Prüfmöglichkeit dafür, wie weit Kundenwünsche und Rationalisierungsbestrebungen durch den Baukasten in diesem Anwendungsbereich erfüllt werden. Auf Grund der Häufung gleicher Elemente und der vorhandenen Nachfrage nach den verschiedenen Typen wird dadurch ein grober Überblick über die denkbaren Fertigungsstückzahlen möglich. Beispiele solcher Bauprogramme sind die Bilder 27 (Fritz-Werner-Fräsmaschinen), 41 (Deutz-Dieselmotoren), und 20 (Schreibtische).

Den Abschluß der Baukastenentwicklung bildet nun die *Normung der Bausteine*, die meist als Werksnorm, seltener als Fachnorm möglich ist. In seltenen Einzelfällen ist sogar die Normung nach DIN denkbar (z. B. die Riementransmission). Die als zweckmäßig erkannten Elemente des Schrittes „Elementarisierung“ müssen nun zu Bausteinen gestaltet werden. So ist die Normung der Bausteine der gedankliche Schlußstein einer jeden Baukastenentwicklung und zugleich der erste Schritt zur technischen Ausführung.

Die Gesichtspunkte zur Gestaltung der Bausteine lassen sich in drei Gruppen gliedern:

Technische Gesichtspunkte
Wirtschaftliche Gesichtspunkte
Willkürliche Gesichtspunkte.

Die *technischen Gesichtspunkte zur Gestaltung der Bausteine* lassen sich durch die Begriffe

Funktion
Kombinatorik
Größen
Rangordnung
Toleranzen
Beförderung
Zusammenbau

erfassen.

Aus der Elementarisierung der zu schaffenden Gebilde einerseits und aus den Anforderungen an die Bausteine im Rahmen des Bauprogramms andererseits ergeben sich die *Funktionsforderungen* für die einzelnen Bausteine, denen sie entsprechen müssen. Die Forderung, daß jeder Baustein seine Aufgabe im Verbande des Gesamtgebildes erfüllen muß, ist zweifellos der wichtigste technische Gesichtspunkt. Werden an einen Baustein in verschiedenen Typen verschiedene Anforderungen gestellt, so muß er den weitergehenden Forderungen genügen. Diese Bedingung deckt sich mit der, die bei allen Elementenormen auftritt. Hierin liegt eine wesentliche Grenze, denn je größer der Unterschied zwischen einer Mindest- und einer Höchstforderung an einen Baustein wird, desto teurer wird er im Verhältnis zur Mindestforderung. Handelt es sich hauptsächlich um Stoffeigenschaften (z. B. Festigkeit oder Wärmebeständigkeit), so kann man eine rationelle Fertigung auch erreichen, wenn man bei gleicher geometrischer Form verschiedene Werkstoffe wählt. Allerdings hat man dann - besonders im Hinblick auf die Bevorratung — den einheitlichen Baustein in mehrere „aufgespalten“.

Baukästen, in denen die Bausteine nach mathematischen Gesichtspunkten zusammengebaut werden, verlangen nach Bausteinen, bei deren Festlegung die mathematischen Grundlagen der *Kombinatorik* berücksichtigt sind. Das gilt zum Beispiel für die schon erwähnten Endmaße, für Kondensatoren, Widerstände und Trockengleichrichter und Akkumulatoren in der Elektrotechnik.

Bestimmte *Größenreihen* sind oft für die Gestaltung der Bausteine zu beachten, damit sich das fertige Erzeugnis hinsichtlich seiner geometrischen Größe, seiner mechanischen Leistung oder anderer Maßzahlen einer gegebenen Stufung anpaßt. Ein Beispiel dafür sind Holzmodelle für Werkzeugmaschinenbetten, die je nach der gewünschten Bettlänge der Maschine aus verschiedenen Einzelbausteinen zur gewünschten Länge zusammengefügt werden können [*60*].

Auch die *Rangordnung* der Bausteine zueinander beeinflußt deren technische Gestaltung. Bevorzugte Bausteine können zum Beispiel durch ihre häufigere Verwendung hinsichtlich Lebensdauer, Werkstoff, Verarbeitung und Ausführung besondere Anforderungen stellen.

Toleranzen, die an fertigen Erzeugnissen einzuhalten sind, beeinflussen die Gestaltung der Bausteine zuweilen stark. Sie drücken sich einmal in der Tolerierung der Bausteine selbst aus und sind andererseits das Ergebnis der Summierung der Einzeltoleranzen der Bausteine. So werden zum Beispiel in der elektrischen Meßtechnik Widerstandsdekaden benutzt, deren Genauigkeit wesentlich von der Einzelgenauigkeit der Widerstände abhängt.

Beförderung und Zusammenbau beeinflussen die Gestaltung der Bausteine ebenfalls. Besonders bei Großanlagen, bei denen die Bausteine maßlich hinsichtlich ihrer Größe oder ihres Gewichtes gebunden sind, ist das zu beachten. Beispiele dafür sind vorgefertigte Brückenteile (Pioniergerät) oder Teile für Großförderanlagen.

Die *wirtschaftlichen Gesichtspunkte für die Gestaltung der Bausteine* sind durch die Begriffe

Kostenminimum und Absatzmöglichkeit

gekennzeichnet.

Die Forderung nach wirtschaftlicher Fertigung gilt für jede Konstruktion. Als besondere Eigenschaft des Baukastensystems wurde die Erhöhung der Fertigungsstückzahlen durch den Übergang zur Fertigung der Bausteine festgestellt. Diese Eigenart auszunutzen und die Bausteine so zu gestalten, daß durch Erhöhung der Losgrößen die Stückkosten sinken, muß wesentlicher Grundsatz der Formgebung der Bausteine sein, das heißt also das Anstreben des *Kostenminimums.* Das ist erst recht zu beachten, wenn zwecks Erzielung des Baukastensystems ein Gebilde in mehr Elemente zerlegt wird als sonst, denn das bedeutet die Vermehrung der Fugen, Fügeteile und Fügearbeitsgänge.

Die *Absatzmöglichkeit* kann deshalb ein wesentlicher Gesichtspunkt bei der Bausteingestaltung sein, weil dem Baukastensystem auch die Möglichkeit des allmählichen Anschaffens von Bausteinen zur Vergrößerung eines Gebildes eigen ist. Um dem Käufer der Bausteine einen Anreiz zu bieten, kann es zweckmäßig sein, die Bausteine so zu bemessen, daß deren Preis eine gewisse Höhe nicht übersteigt. Das gilt zum Beispiel für Anbaumöbel oder für die Zusatzgeräte von Küchenmaschinen oder Bastlerwerkzeugen und für viele Ausrüstungsbaukästen.

Neben den technischen und wirtschaftlichen Gesichtspunkten spielen bisweilen auch *willkürliche Gesichtspunkte für die Gestaltung der Bausteine* eine wichtige Rolle. Sie werden willkürlich genannt, weil sie weder technisch noch wirtschaftlich streng begründet sind und nur deshalb beachtet werden müssen, weil entsprechende Forderungen vom Benutzer des Baukastens gestellt werden. Hierhin gehören zum Beispiel alle geschmacklichen Wünsche, die für den Absatz oft entscheidend sind. Ein Beispiel dafür ist der bereits erwähnte Uhrenbaukasten, in dem bei Verwendung des gleichen Werkes verschiedene Gehäuse, Zeiger und Zifferblätter benutzt werden können. Ein bedeutenderes Beispiel ist die moderne Kraftfahrzeugfertigung, in der bei der Fertigung eines Grundtyps durch geschickte Arbeitssteuerung erreicht werden kann, daß jeder Wagen hinsichtlich Karosserie, Farbe, Polsterung und Zubehörteilen den besonderen Kundenwünschen angepaßt wird. Es ist bekannt, daß im Laufe der letzten Jahre führende Kraftwagenfabriken das Meisterstück vollbracht haben, in der fließenden Fertigung das Zusammenführen der Baugruppen durch die modernen Hilfsmittel wie Lochstreifen, Fernschreiber und andere so zu steuern, daß aus dem Baukasten alle denkbaren Kombinationen stetig fließen. Es ist dies wohl die höchste Form einer Verbindung zwischen einer (auch sonst anwendbaren) Massenfertigung von Elementen und einer fließenden Fertigung verschiedener Erzeugnisse.

Die Entwicklung eines Baukastens für ein bestimmtes Bauprogramm ist am Beispiel eines Spindelkastens für Drehmaschinen von BOEHRINGER [*5*] ausführlich dargestellt worden.

Von Bedeutung ist noch die Frage, wieweit die Normung der Bausteine gehen muß. Offenbar gibt es dafür ein Mindestmaß, das darin besteht, daß zunächst die Anschlußmaße eines Bausteines genormt sein müssen, um einen Austausch gegen andere Bausteine und den Anschluß an andere Bausteine zu ermöglichen. Darüber hinaus ist oft noch die Mindestforderung zu erfüllen, daß alle Bausteine die gleiche Leistungsgröße haben müssen, da sie sonst nicht gegeneinander austauschbar sind. Es müßten zum Beispiel Gleichrichterplatten gleiche Sperrspannungen oder Widerstände gleiche Belastbarkeit oder Schützspulen gleiche Erregerspannung haben. Das Höchstmaß an Normung ist dann erreicht, wenn der Baustein restlos und in allen Einzelheiten genormt ist. Im Abschn. 8 wird hierzu noch Stellung genommen.

72 Entwicklung eines Baukastens mit einem Vorrat von Bausteinen zur Bildung einer unbegrenzten Zahl von Erzeugnissen

Es soll nun gezeigt werden, wie sich der Entwicklungsgang für einen Baukasten ändert, wenn für eine unbegrenzte Zahl von Erzeugnissen ein Bausteinvorrat geschaffen werden soll.

Wurde vorher die Aufgabenstellung durch die Angabe eines abgegrenzten Anwendungsbereiches umrissen, so tritt jetzt an dessen Stelle die *Festlegung der Teilfunktionen der Bausteine*, deren Kombination dem Benutzer überlassen ist. Wenn auch deren Vielzahl nicht zu übersehen ist, so besteht doch eine Vorstellung, welchen Aufgaben die Bausteine dienen sollen. Für die einzelnen Teilaufgaben, die diese Aufgaben jeweils gruppenweise enthalten können, müssen Bausteine zur Verfügung gestellt werden, die diese Aufgaben erfüllen können, also bestimmte Teilfunktionen haben.

Als Beispiel dafür mögen Kücheneinrichtungen mit Anbaumöbeln dienen. Je nach den räumlichen Verhältnissen und den Erfordernissen des Haushalts und den besonderen Wünschen der Hausfrau sollen die Einrichtungen verschieden sein. Es ist also nicht möglich, ein begrenztes Typenbauprogramm („Typ“ als Kombination, hier Küche, gemeint) für diesen Zweck aufzustellen. Wie die Einrichtung im Einzelfalle aber auch gewünscht werden mag, so werden doch bestimmte Teilaufgaben, die durch Bausteine bestimmter Funktion erfüllt werden können, wiederkehren:

Kochen, Backen, Braten, Grillen usw. – Geschirrspülen
Aufbewahren von Lebensmitteln, Geschirr, Gerät
Waschen von Wäsche – Sammeln von Abfällen.

Der Festlegung der Funktionen folgt auch in diesem Falle die *Typenbeschränkung*. Genau wie bei der Entwicklung des Baukastens für ein Bauprogramm können auch hier die festgelegten Funktionen nur innerhalb bestimmter Bereiche und in gestuften Reihen dargestellt werden. Kundenwünsche und Rationalisierungsbestreben sind sinnvoll gegeneinander abzustimmen, Außenseitertypen von vornherein auszuscheiden

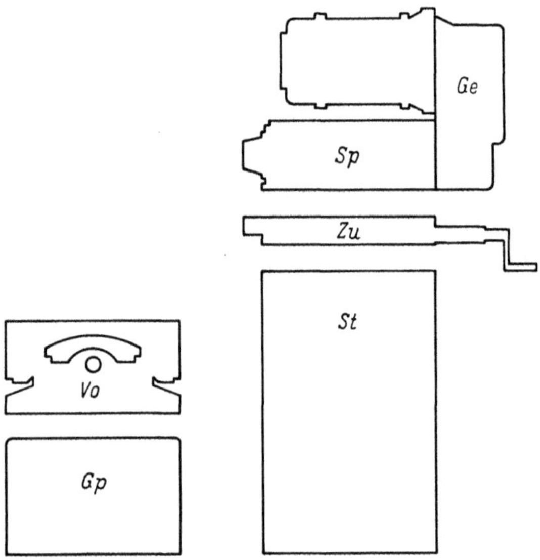

Bild 21. Elementarisierung einer Werkzeugmaschine

und zukünftige Entwicklungen möglichst miteinzuplanen. Für das Beispiel der Anbauküchen bedeutet das sinnvolle Größenreihen für Arbeitsplatten und Schränke zu finden (Höhen und Tiefen der Schränke und Tische sind genormt), Herde und Kühlschränke in marktgerechten und passenden Größen vorzusehen, Waschmaschinen verschiedener Größen einzuplanen und vielleicht Geschirrspülmaschinen und Wäschetrockner als zukünftige Funktionsträger einzubeziehen.

Nach diesem Schritt folgt wieder die *Elementarisierung*. Wie im Abschn. 71 beschrieben sind die vorgesehenen Typen in Elemente aufzuteilen, die mehrfach benutzt werden können und sich zur späteren Gestaltung von Bausteinen eignen. Vielfach werden es die festgelegten Träger der Funktionen sein, die als Elemente angesehen werden. Oft lassen sich aber auch hier durch eine weitere Aufteilung noch geeignetere Elemente finden. So kann zum Beispiel im Baukasten Anbauküchen das Element Arbeitsplatte außer bei Tischen auch auf niedrigen Schränken benutzt werden. Das führt dazu, daß in einigen ausgeführten Baukästen Schrankunterteile, Arbeitsplatten und Schubladen als Elemente erscheinen, die erst wieder zusammengebaut das Bild der festgelegten Funktionsträger ergeben. – Aus dem Bau von Werkzeugmaschinen aus Baueinheiten zeigt das Bild 21 ein Beispiel einer sinnvollen Elementarisierung, daß deutlich zeigt, wie sich durch Aufteilung einer Maschine die Elemente

Grundplatten
Vorschubtische
Ständer
Zustelltischeinheiten
Spindeleinheiten
Getriebeeinheiten
Motore

ergeben, die in der Fertigung eine Häufung der Stückzahlen erwarten lassen.

Dem Bauprogramm im vorigen Abschnitt entspricht in diesem Entwicklungsgang nun der *Baumusterplan.* Er zeigt eine Auswahl von Baumustern, die für die mit den gewählten Elementen zusammenstellbaren

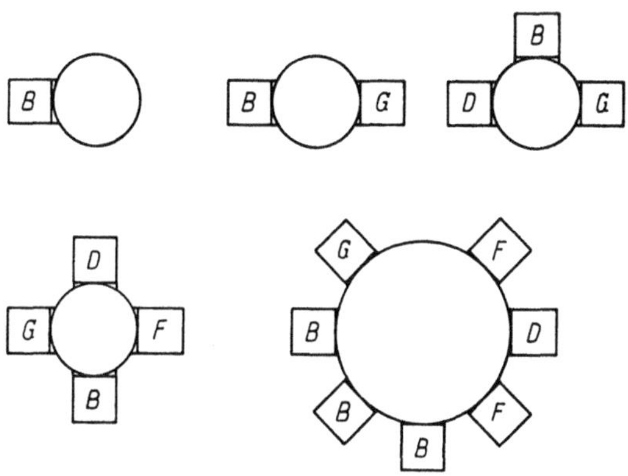

Bild 22. Werkzeugmaschinen mit Rundtisch

Erzeugnisse kennzeichnend ist. Nicht alle denkbaren Zusammenstellungen sind vorauszuplanen, aber einige ausgewählte Baumuster zeigen die Art der darstellbaren Erzeugnisse. Je sorgfältiger Typenbeschränkung und Elementarisierung vorher durchgeführt wurden, um so besser lassen sich die verschiedenen Kombinationen später bilden. Eine Probe darauf stellt der Baumusterplan dar. Ein Beispiel eines Baumusterplanes zeigt Bild 7 für Anbauküchen, ein anderes das Bild 22 für Aufbauwerkzeugmaschinen mit Schalttisch.

73 Entwicklung eines Baukastens. Zusammenfassung

Der beschriebene Entwicklungsgang soll noch einmal kurz zusammengefaßt werden:

Baukasten für eine *begrenzte Zahl von Kombinationen*:

a) Klare Aufgabenstellung durch Festlegen des Anwendungsbereiches.

b) Sinnvolle Auswahl und Typenbeschränkung durch Stufung.

c) Zerlegen der Typen in bausteinartige Elemente.

d) Aufstellung eines übersichtlichen *Bauprogrammes*, das *alle* Typen und deren Aufbau aus den Elementen zeigt. Zugleich Probe, ob der Baukasten zweckmäßig ist.

e) Normung der Bausteine als Endstufe der konstruktiven Entwicklung und Anfangsstufe der Fertigung.

Baukasten für eine *unbegrenzte Zahl von Kombinationen*:

a) Klare Aufgabenstellung durch Festlegen der erforderlichen Funktionen.

b) wie oben!

c) wie oben!

d) Aufstellung eines *Baumusterplanes* mit einer Auswahl kennzeichnender Kombinationen dieses Baukastens. Daran Probe, ob der gewünschte Zweck erreicht ist.

e) wie oben!

8 Baukastensystem und Normung

Worin besteht der Zusammenhang zwischen Baukastensystem und Normung?

Nach KIENZLE ist eine Norm die einmalige Lösung einer sich wiederholenden Aufgabe. Es wurde gezeigt, daß auch bei der Entwicklung eines Baukastens die sich in beliebigen Kombinationen wiederholenden Aufgaben einmal gelöst werden müssen. Danach ist das Genormte – hier der Baustein und seine Einbauregeln – ohne weitere konstruktive Arbeit zur Anwendung bereit.

Weiter hat KIENZLE den Normen bestimmte Funktionen zugeordnet, die er als den

> Zwangsläufigen Zusammenhang zwischen einer Norm als unabhängiger Veränderlichen und den von ihrem Inhalt abhängigen Wirkungen

definiert. Er unterscheidet dabei Allgemeine, übergeordnete Normenfunktionen, die für die ganze Normung bestehen (Energetische Funktion, Ordnungsfunktion) und Normenfunktionen hinsichtlich bestimmter Zusammenhänge (Organische Funktionen und Mechanische Funktionen).

Hiervon bestätigen sich im Baukastensystem offensichtlich die Energetische und die Ordnungsfunktion. Von den mechanischen Funktionen sind im Baukastensystem besonders die Häufungs-, Bevorratungs- und Tauschfunktion von Bedeutung [*15*]. Die Normung strebt ihrem Wesen nach eine Verringerung der Elemente und die Häufung ihrer Benutzung an. Das Wesen des Baukastensystems ist es, mit einer Beschränkung an Elementen vielerlei Erzeugnisse zu bilden. Der Baukasten ist also eine Verkörperung des Normgedankens, auch da, wo bei seiner Benutzung das Wort Norm niemals ausgesprochen wurde. Die Vereinheitlichung spielte sich zunächst nur innerhalb der einzelnen Herstellerfirmen ab. Tatsächlich ist aber das einheitliche Quadrat des Spielzeugbausteins oder die Anschlußfläche des Bücherschrankes oder der Bohreinheit oder des Eisenbahnwagens eine Norm, heute noch meist eine Werksnorm.

Was ist das Mindestmaß der Normung beim Baukasten? Es müssen mindestens die Anschlußmaße der Bausteine und deren Leistungsgröße genormt sein, damit deren Zusammenbau in verschiedenen Kombinationen möglich wird. Deutlich wird diese Feststellung am Beispiel des Mischsystems, das in der Ordnung der Baukästen im Abschn. 6 mit der Nummer 9 dargestellt ist. Im Anschlußbaukasten, der zur Verbindung von Sonderteilen benutzt wird, wird erst durch die Normung wenigstens der Anschlußmaße der gewünschte Zweck erreicht. Diese Untergrenze überschreitend kann die Normung im Baukasten immer breiteren Raum einnehmen bis schließlich im Endzustand der Baustein restlos genormt ist und im Baukasten des Typs 1 verschiedene Gebilde aus verschiedenen Anzahlen oder Anordnungen gleicher Bausteine erreicht werden.

Schon Wölfel hat zu Beginn der deutschen Normung dargelegt, daß jede Norm Verwandtschaften zu anderen Normen habe. Darüber hinaus hat Nitsche in seiner Arbeit über die Normensysteme [*63*] gezeigt, daß große Normengruppen sinnvoll in Systemen zusammengefaßt werden können, weil sie durch eine höhere Ordnung zu einem einheitlichen Ganzen verschmolzen werden. Um die Beziehungen zwischen den Normensystemen und den technischen Baukästen erläutern zu können, muß die Ordnung der Normensysteme erwähnt werden (Nitsche):

Natürliche Normensysteme umfassen die Normen von Dingen, die sachlich so zusammengehören, daß sie schon von sich aus ein einheitliches, geordnetes Ganzes bilden und keiner willkürlichen Ordnungsgesichtspunkte mehr bedürfen. Sie werden unterteilt in

Gerätesysteme, das sind Normensysteme für je ein Gerät und
Anlagesysteme, das sind Normensysteme für eine Anlage.

Gerätsysteme werden unterschieden als

Einzelteilsysteme, also Normensysteme für die Einzelteile eines Gerätes oder

Zubehörsysteme, also Normensysteme für die Zubehörteile von Geräten.

Anlagesysteme werden unterschieden als

Allgemeine Anlagesysteme, das sind Normensysteme, die die verschiedenen Geräte, die zu einer Anlage gehören, umfassen oder

Fließ- und Transportsysteme, die die Normen aller Teile umfassen, die von einem Transportgut (Flüssigkeit, Gas, Stoff, Fahrzeuge, elektrischer Strom usw.) durchflossen werden und dadurch miteinander zu einer Anlage verbunden sind oder

Erzeugungssysteme, das sind Normensysteme mit den Normen aller Geräte, die zur Erzeugung eines Dinges gemeinsam erforderlich sind. Dazu gehören die

Abbausysteme (Abbau von in der Natur vorhandenen Rohstoffen, zum Beispiel Braunkohle),

Halbzeugsysteme (Herstellung bestimmter Stoffe oder Halbzeuge aus Rohstoffen),

Fertigungssysteme (Herstellung eines fertigen, verwendungsbereiten Gebildes).

Künstliche Normensysteme umfassen im Gegensatz zu den natürlichen die Normen von Dingen, die nicht bereits sachlich zusammengehören, sondern die kraft eines besonderen Entschlusses von bestimmten Ordnungsprinzipien her betrachtet zusammengehören. Sie werden unterteilt in

Systeme gleichartiger oder ähnlicher Gegenstände,

Systeme gleichartiger oder ähnlicher Vorgänge oder Tätigkeiten,

Systeme von Normen mit einem gleichen Normenelement (zum Beispiel Längenangabe, Werkstoffangabe usw.),

Systeme von Normen mit dem gleichen gedanklichen Inhalt.

Kurz gefaßt bietet die Ordnung der Normensysteme das folgende Bild:

1. Natürliche Normensysteme,
   - 11. Gerätesysteme,
     - 111. Einzelteilsysteme (z. B. Glühlampe),
     - 112. Zubehörsysteme (z. B. Fahrradzubehör),
   - 12. Anlagesysteme,
     - 121. Allgemeine Anlagesysteme (z. B. Dieselmotor),
     - 122. Fließsysteme (z. B. Wasserleitung),
     - 123. Erzeugungssysteme,
       - 1231. Abbausysteme (z. B. Braunkohle),
       - 1232. Halbzeugsysteme (z. B. Strangpressen),
       - 1233. Fertigungssysteme (z. B. Kraftwagen),
2. Künstliche Normensysteme,
   - 21. Systeme gleichartiger oder ähnlicher Gegenstände (z. B. Schalter)
   - 22. Systeme gleichartiger oder ähnlicher Vorgänge (z. B. Prüfen),
   - 23. Systeme von Normen mit gleichem Normenelement (z. B. Gewinde),
   - 24. Systeme von Normen mit gleichem gedanklichen Inhalt (z. B. Hydraulik).

Die Ordnung läßt deutlich zwei verschiedene Verknüpfungen von Normensystemen und technischen Baukästen erkennen:

Der Anwendungsbereich eines Baukastens kann – ganz oder teilweise – dem Inhalt eines natürlichen Normensystems oder dem Inhalt des künstlichen Normensystems gleichartiger oder ähnlicher Gegenstände entsprechen.

Jeder Baukasten muß innerhalb seines Anwendungsbereiches die vorhandenen Normen des Systems mit gleichem oder übergeordnetem sachlichen Inhalt berücksichtigen und muß darüber hinaus alle anwendbaren Normen künstlicher Normensysteme berücksichtigen.

Auf diese beiden Verknüpfungen muß man bei der Schaffung von Baukästen achten, um einen zweckmäßigen Baukasten erstellen zu können und ihn in seiner technischen Umgebung planvoll eingliedern zu können.

Der erste Fall wird im folgenden als *Baukasten im Normensystem* bezeichnet. Der zweite Verknüpfungsfall, der für jeden Baukasten gilt, könnte als *normengebundener Baukasten* bezeichnet werden. Dieser zweite Begriff sollte entbehrlich sein, weil seinem Wesen nach jeder Baukasten naturgemäß normengebunden ist. Daraus geht hervor, daß es falsch wäre, einen Baukasten zu entwickeln, in dem nicht alle zugehörigen DIN-Normen angewandt sind, auch wenn er in sich noch so vollkommen geschlossen ist.

Von den Baukästen im Normensystem sind besonders die in Fließsystemen interessant, weil hier Baukasten und Normensystem gleich sein können. Wohl einer der ältesten Baukästen dieser Art ist der der Riementransmissionen. Die Tatsache, daß dieser Baukasten schon vor der Entstehung des Deutschen Normenausschusses da war, hat damals dazu geführt, daß er als erster mit allen Bausteinen in den DIN-Normen festgelegt wurde, wobei die Länge der Transmissionswelle die einzige Variante war. Um ein Fließsystem handelt es sich hier deshalb, weil es sich um den Energiefluß über Riemen und Wellen gruppiert.

Auch das Fließsystem Wasserleitungen ist gleichzeitig ein DIN-genormter Baukasten und bei Rohrleitungen für Gase, Druckluft und Drucköl ist dieser Zustand nahezu erreicht. Man kann sagen, daß zu allen Fließsystemen auch Baukästen gleichen Inhalts möglich sind. In den meisten Fällen müssen aber für die Baukästen über die in den Fließsystemen zur Zeit vorhandenen Normen hinaus noch weitere Normen geschaffen werden, um die Bausteine restlos festzulegen.

Die *Normengebundenheit aller Baukästen* wurde bereits bei der Gestaltung der Bausteine deutlich. Zu ihrer Normung sind alle einschlägigen Normen, die schon bestehen, zu beachten und zu benutzen. Für einen Baukasten Eisenbahnwagen sind beispielsweise die bestehenden

Normen des Anlagesystem Eisenbahnwagen und verschiedene Normen künstlicher Normensysteme wie zum Beispiel

Werkstoffnormen Spurweite Radstand Lichtraum Bodenfreiheit Achsdruck	aus dem System der Normen mit gleichem Normenelement
Federn Radsätze Achslager	aus dem System der Normen gleichartiger oder ähnlicher Gegenstände

zu berücksichtigen.

Für einen Getriebebaukasten wären die Normen der Lastdrehzahlen, Wellenenden, Wellenhöhen, Verzahnungen, Wälzlager und andere aus ihren Normensystemen zu beachten.

Die Verknüpfungen, die sich im normengebundenen Baukasten durch die vorhandenen Normen ergeben, kann man auch als „Koppelgesetze“ bezeichnen. Zum Beispiel sind austauschbare Zahnradpaare eines Getriebebaukastens durch die Bedingung des gleichen Achsabstandes und des gleichen Drehmomentes gekoppelt.

Es ist deshalb von entscheidender Wichtigkeit, daß bei der Normung der Bausteine, das heißt nach der Aufstellung des Bauprogrammes oder Baumusterplanes alle die Normen ermittelt werden, die in verschiedenen Normensystemen bereits bestehen und benutzt werden können. Je mehr einschlägige Normen dabei ermittelt werden, desto wirkungsvoller kann der fertige Baukasten werden. Fehlen dagegen Normen, so erzielt der Aufbau des Baukastens ohne deren Gerippe unter Umständen nicht den vollen Erfolg. Ein Beispiel dafür bietet der vergebliche Versuch HEGNERS [*10*], Baueinheiten für Werkzeugmaschinen zu einer Zeit zu schaffen, als es bei Werkzeugmaschinen an Fachnormen hierfür noch völlig mangelte. Kennzeichnend ist der neue Versuch des Ausschusses „Automatisierung in der Fertigung“ in der VDI-Fachgruppe „Betriebstechnik“, der von der Benutzerseite ausgeht. Er hat in Gestalt der VDI-Richtlinien 3240 bis 3275 Fachnormen dieses Gebietes geschaffen.

9 Definitionen und Literaturverzeichnis

91 Definitionen

Die folgenden bekannten Definitionen sind in der Arbeit benutzt worden:

Norm: Einmalige Lösung einer sich wiederholenden Aufgabe (KIENZLE). Technische oder wirtschaftliche Normen sind Gesetze, nach denen sich wiederholende technische oder wirtschaftliche Dinge gestaltet oder angewendet werden sollen (NITSCHE [*63*]).

Grundnorm: Eine Grundnorm ist eine abstrakte Norm, die sich bei verschiedenen Dingen wiederholt (KIENZLE).

Normung: Normung ist das planmäßige Schaffen von einander harmonisch zugeordneten Normen mit dem Ziel, der menschlichen Gemeinschaft zu nützen (NITSCHE [*63*]).

System: Ein System ist ein aus mehreren Teilen bestehendes geordnetes Ganzes.

Normensystem: Ein Normensystem ist eine Gruppe von Normen, die durch eine Ordnung höheren Grades zu einem einheitlichen Ganzen verschmolzen sind (NITSCHE [*63*]).

Baukasten, Baustein: Ein Baukasten ist eine Sammlung einer gewissen Anzahl verschiedener Elemente (Bausteine), aus welchen sich verschiedene Dinge zusammensetzen lassen (NASVYTIS [*18*]).

Im Rahmen der vorliegenden Arbeit kamen die folgenden Definitionen hinzu:

Baukastensystem: Das Baukastensystem ist ein Ordnungsprinzip, das den Aufbau verschiedener Dinge aus einer Sammlung genormter Bausteine auf Grund eines Programmes oder eines Baumusterplanes in einem bestimmten Anwendungsbereich darstellt.

Bevorzugte Bausteine: Bevorzugte Bausteine verleihen durch ihr Hinzutreten zu einem Baukasten mit gleichberechtigten Bausteinen allen Kombinationen eine zusätzliche Eigenschaft.

Auflösungsgrad: Der Auflösungsgrad ist ein Maßstab dafür, wieviele Bausteine verschiedener Rangordnung in einem Gegenstand ineinander verschachtelt sind.

Bauprogramm: Im Bauprogramm sind sämtliche Kombinationsmöglichkeiten, die ausgeführt werden sollen, dargestellt.

Baumusterplan: Der Baumusterplan zeigt nur charakteristische Kombinationsmöglichkeiten in sinnvoller Auswahl aus der möglichen, unübersehbaren Vielzahl der Kombinationen.

92 Literatur

[*1*] ALTMANN, F. G.: Getriebe und Triebwerksteile Z. VDI 93 (1951) Nr. 18, S. 515–524.

[*2*] – Antriebselemente und mech. Getriebe, Absatz Verzahnte Getriebe. Z. VDI 95 (1953) Nr. 19, S. 543–544.

[*3*] BERG, S.: Angewandte Normzahl. Beuth-Vertrieb 1949.

[*4*] BIERHALS, A.: Die Lösung von Fernmeß- und Regelaufgaben nach dem Baukastenprinzip. Z. VDI 99, Nr. 31, S. 1557–1561.

[*5*] BOEHRINGER, R.: Die Drehzahl-Normung und ihre wirtschaftliche Auswirkung im Drehbankbau. Berlin: Springer 1939.

[*6*] DOLEZALEK, C. M.: Kapitalsparende, elastische Automatisierung. VDI-Nachr. 13, Nr. 7, S. 1.

[*7*] DÜRR, A.: Langfräsmaschinen im Baukastensystem. Werkstattstechnik/Der Betrieb 37 (1943) Nr. 6, S. 233–237.

[*8*] GEORG, O : Ein allgemein anwendbares Baukastensystem für Werkzeugmaschinen. Werkstattstechnik u. Maschinenbau 40 (1950) Nr. 3, S. 65.

[*9*] GOTTSCHALK, E.: Die Normung, der Baukasten für die Deutsche Maschinenindustrie. Maschinenbau-Nachrichten 1942, H. 52, Anlage hierzu.

[*10*] HEGNER, K.: Zukunftsaufgaben im deutschen Werkzeugmaschinenbau. Werkstattstechnik u. Maschinenbau 39 (1949) Nr. 1, S. 4 u. f.

[*11*] HEINZELMANN, W.: Vereinheitlichung von Aufbaueinheiten. Werkstattstechnik 49 (1959) S. 128–131.

[*12*] IRTENKAUF, J.: Beitrag zur Ermittlung des zweckmäßigsten Getriebeplanes von Drehbankspindelkästen. Werkstattstechnik 1931, H. 7, S. 177–183.

[13] IRTENKAUF, J.: Die Drehzahlnormung, Anwendung und Auswirkung bei spanabhebenden Werkzeugmaschinen. Maschinenbau und Betrieb 1933, H. 2, S. 39–43.

[14] KIENZLE, O.: Baukastensystem Werkzeugmaschinen. Umdruck des Seminars f. techn. Normung, STN 500218.

[15] – Normenfunktionen. Umdruck des Seminars für technische Normung STN 6.

[16] KOHLITZ, A.: Vereinheitlichung und Typenbeschränkung als entscheidende Voraussetzungen automatischer Fertigung. Maschine u. Manager, 1958, Nr. 2, S. 5–10.

[17] MEIER, W.: Kritische Betrachtungen der Verbraucher zu den vorhandenen Baueinheiten für Werkzeugmaschinen. Werkstattstechnik 49 (1959) S. 131 bis 132.

[18] NASVYTIS, A.: Die Gesetzmäßigkeiten kombinatorischer Normen. Berlin/Göttingen/Heidelberg: Springer 1953.

[19] PETERSEN, H.: Kontruktive Normungsarbeit. Konstruktion 7 (1955) Nr. 3, S. 91–100.

[20] PETRICK, H.: Baukastensystem für Haushaltsgeräte. Arbeit am Seminar f. techn. Normung d. TH Hannover 22. 12. 1950.

[21] REUTHE, W.: Konstruieren mit Baugruppen. Konstruktion 11 (1959) S. 281 bis 292.

[22] STEEGER, A.: Typisierung – eine bedeutende Konstruktions- und Fertigungsaufgabe. Z. VDI 100, Nr. 25, S. 1210–1220.

[23] THOMAS, W.: Anwendungsgrenzen mechanischer Leistungsbetriebe. Z. VDI 92 (1950) Nr. 33, S. 902–908.

[24] – Die Bedeutung der Normung für die Wirtschaftlichkeit im Zahnradgetriebebau. Industrie-Kurier, Bbl. Technik u. Forschung 7 (1954) Nr. 163, 27. 10. 1954.

[25] – Der Aufbau von Zahnradgetrieben nach dem Baukastensystem. Z. VDI 97 (1955) Nr. 7, S. 199–203.

[26] WIELAND, H.: Normungserfolge in einer Maschinenfabrik. Werksleiter 43, 1933.

[27] – Normungserfolge im Zahnradgetriebebau. Bergfreiheit 1954, Nr. 12.

[28] – Normungserfolg im Zahnradgetriebebau. Werkstattstechnik u. Maschinenbau 45 (1955) Nr. 9, S. 481–484.

[29] – Vorteile bei der Wahl der Übersetzungsverhältnisse im Zahnradgetriebebau nach der geometrischen Reihe ZN 600. Industrie-Kurier, Bbl. Technik u. Forschung 9 (1956) Nr. 13, S. 37–38.

[30] WOLLENHAUPT, J.: Ein System elektromechanisch gesteuerter Aufbaueinheiten. Werkstattstechnik u. Maschinenbau 41 (1951) Nr. 10, S. 385.

[31] WOLLENHAUPT, J. u. MAECKER: Ein Ordnungssystem für elektrisch gesteuerte Aufbaumaschinen und Aufbaueinheiten. Werkstattstechnik u. Maschinenbau 46 (1956) Nr. 4, S. 145–153.

[32] WOLLENHAUPT, J.: Die Konstruktion der Baueinheiten für Werkzeugmaschinen nach VDI 3270–3275. Werkstattstechnik 49 (1959) S. 132–136.

[33] Jigs and Fixtures made from standardized elements. Am. Machinist, 3. 3. 52, S. 188.

[34] Baueinheiten für Werkzeugmaschinen, DIN 69000–69004 (zurückgezogen).

Literatur in mittelbarem Zusammenhang mit Fragen des Baukastensystems

[50] BURKHARDT, G.: Atomarer Bau der Materie. Z. VDI 99 (1957) S. 861–871.

[51] – Der Aufbau der Atomhülle. Z. VDI 99 (1957) S. 1061–1067.

[52] – Der Aufbau des Atomkerns. Z. VDI 99 (1957) S. 1175–1187.

[53] BUSSIEN, R.: Automobiltechnisches Handbuch. 15. Aufl. Berlin: Techn. Verl. Cram, 1942.

[54] Ceram, C. W.: Götter, Gräber und Gelehrte. Hamburg: Rowohlt 1950.

[55] Eschmann, Hasbargen u. Weigand: Die Wälzlagerpraxis. München: Oldenbourg 1953.

[56] Gereke, E.: Zum Begriff des Signales. Grundsätzliche Betrachtungen über das Messen und Regeln. Z. VDI 102 (1960) S. 1399–1406.

[57] Hollemann, A. F.: Lehrbuch der anorganischen Chemie. 21. Aufl. Berlin u. Leipzig: de Gruyter 1937.

[58] Ickert, J.: Das Genauigkeitswesen in der technischen Normung. Berlin/Göttingen/Heidelberg: Springer 1955.

[59] Kesselring, F.: Technische Kompositionslehre. Berlin/Göttingen/Heidelberg: Springer 1954.

[60] Kienzle, O.: Normungszahlen. Berlin/Göttingen/Heidelberg: Springer 1950.

[61] Mengeringhausen, M.: Das Bad in der Wohnung. VDI-Nachrichten 1952, Nr. 16, S. 3.

[62] Neufert, E.: Bau-Entwurfslehre. Berlin: Bauwelt 1944.

[63] Nitsche, H.: Grundlagen von Normensystemen. Dissertation TH Hannover 1952.

[64] Reinicke, S. u. Ganting: Hilfsmittel und Geräte der Lagerhaltung. Industrie-Anzeiger 1951, Nr. 19/20, S. 48.

[65] Schlosser, E.: Der Einfluß ebener verschraubter Fugen auf das statische Verhalten von Werkzeugmaschinengestellen. Werkstattstechnik u. Maschinenbau 47 (1957), Nr. 1, S. 35–47.

[66] Skalweit, H.: Einfluß der landwirtschaftlichen Arbeitsgeräte auf die Gestaltung des Schleppers. Z. VDI 92 (1950) S. 965–971.

[67] Walther, A.: Probleme im Wechselspiel von Mathematik und Technik. Z. VDI 96 (1954) S. 137–149.

[68] Das Haus nach Normen. Bautechnisches Merkheft 3. Berlin: Verlag der neuen Bauwelt.

Ferner: Firmenunterlagen, Druckschriften und Listen vieler Firmen.

Baukasten-Beschreibungen

1—2 Einzelbeschreibungen

11 Spielzeugbaukästen

Von den vielen verschiedenen Spielzeugbaukästen sollen hier nur der Steinbaukasten und der Metallbaukasten herausgegriffen werden.

Im *Steinbaukasten* (ebenso *Holzbaukasten*) finden sich gleiche und verschiedene Bausteine hinsichtlich ihrer Form und Farbe, aber auch formgleiche Bausteine verschiedener Größe. Die Formen sind

Würfel, Quader, Platten, Zylinder, Pyramiden, Dreikantprismen, Bogen u. a.

Als Passstelle aller Bausteine (außer den Zylindern) wird eine quadratische Fläche benutzt, so daß durch willkürliche Kombination von Bausteinen ganz verschiedene Gebilde geschaffen werden können. Wegen des Vorhandenseins von Bausteinen verschiedener Größe und von bevorzugten Bausteinen (Torbogen, Säulen) ist dieser Baukasten als Ausrüstungsbaukasten (Typ 4) zu bezeichnen.

Im *Metallbaukasten* sind gelochte Metallbänder, -bleche, -winkel, -platten und -scheiben. Zum Zusammenfügen dieser Bausteine sind Schrauben verschiedener Länge, Gewindestifte, Wellen, Muttern und Abstandsbuchsen vorhanden. Als bevorzugte Bausteine müssen hier verschiedene Zahnräder, Seilscheiben, Gummireifen, Feder- oder Elektromotore angesehen werden. Als Passstelle aller Teile dient das Loch, durch das beim Fügen der Hilfsbaustein Schraube oder Gewindestift gesteckt wird. Auch dieser Baukasten enthält nur Bausteine und ermöglicht eine unübersehbare Vielzahl von Kombinationen. Er muß als Anschlußbaukasten (Typ 6) eingeordnet werden.

Bild 23 zeigt den grundsätzlichen Aufbau eines Metallbaukastens. Die linke Seite des Bildes zeigt die verschiedenen Bausteine A, B, C, D, E, F und G, von denen einige bevorzugte Bausteine sein können. Die Kleinbausteine K und L sind beispielhaft für die Schrauben und Muttern, die zur Verbindung der Bausteine benötigt werden. Zwei Beispiele für die sich ergebenden Gebilde sind auf der rechten Bildseite dargestellt und lassen das Wesen des Anschlußbaukastens deutlich werden.

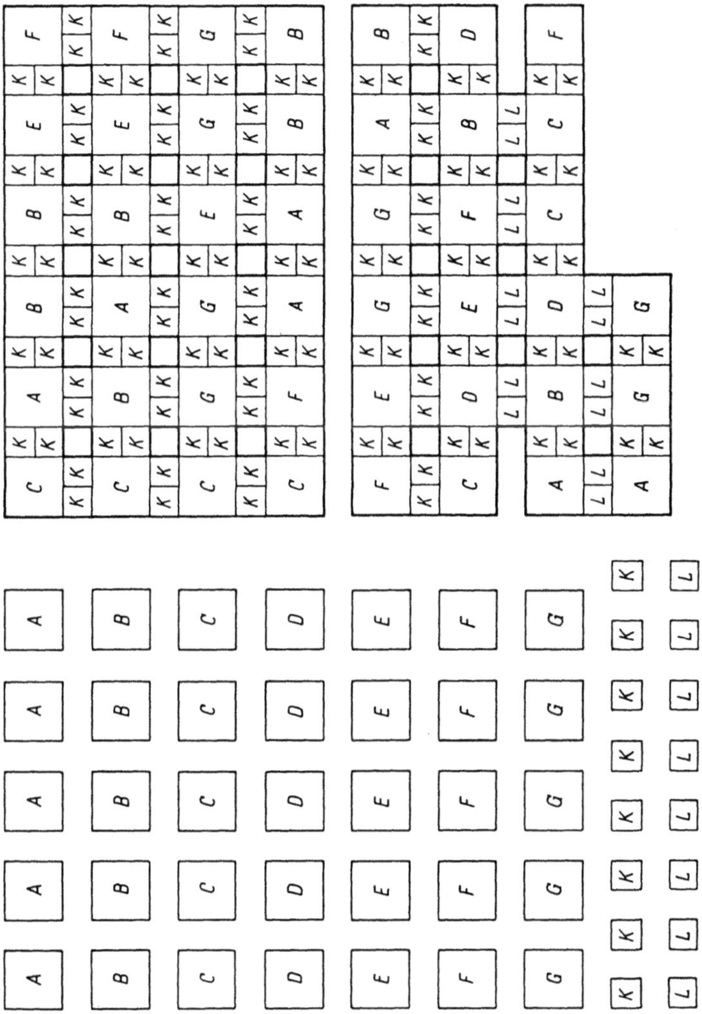

Bild 23. Metall-Baukasten

12 Büromöbel-Baukästen

Die Firma Soennecken in Bonn hat sich den Baukastengedanken schon um das Jahr 1900 bei ihren Ideal-Bücherschränken zunutze gemacht. Der Aufbau dieser Schränke wurde bereits im Abschn. 21 (S. 6) beschrieben, Bild 24 zeigt die Schränke in einem alten Zeitungsinserat.

Im Laufe der Jahre wurde hier der Baukasten in immer stärkerem Maße der Fertigung und Benutzung von Büromöbeln zugrunde gelegt. Rückschauend kann man heute dabei drei Gruppen unterscheiden:

Bild 24. Soennecken-Ideal-Bücherschränke

Möbel, die in waagerechter und senkrechter Richtung aufbaubar sind.

Möbel, die nur in waagerechter Richtung aufbaubar sind.

Möbelinneneinrichtungen, die in waagerechter und senkrechter Richtung aufbaubar sind.

Für diese Aufbaunormen sprechen architektonische Gesichtspunkte (Anpassung der Möbel an die Raumform) und organisatorische Gesichtspunkte (Anpassung an Einsatzzweck und Arbeitsablauf). Bei der Fertigung der Möbel ist interessant, daß hohe Fertigungsstückzahlen für die Bausteine erreicht werden trotz einer Vielzahl möglicher Kombinationen und, daß sich durch die materialintensive Arbeitsweise zunächst höhere Preise für Kombinationen als bei Nicht-Baukastenfertigung ergeben, die aber durch die Stückzahlen wieder ausgeglichen werden.

Bild 25 zeigt den grundsätzlichen Aufbau verschiedener Büromöbel. Die obere Bildhälfte zeigt den ältesten Baukasten, den der Ideal-Bücherschränke. Man erkennt links die Bausteine *A* (Kopfstücke), *B* (Schrankabteile) und *C* (Sockel) und rechts einige mögliche Kombinationen: Schränke verschiedener Höhe, ermöglicht durch die Verwendung verschiedener Anzahlen von Schrankabteilen zwischen Sockel und Kopfstück und Schrankreihen verschiedener waagerechter Ausdehnung durch Aneinanderreihen mehrerer – nicht unbedingt gleichhoher – Schränke.

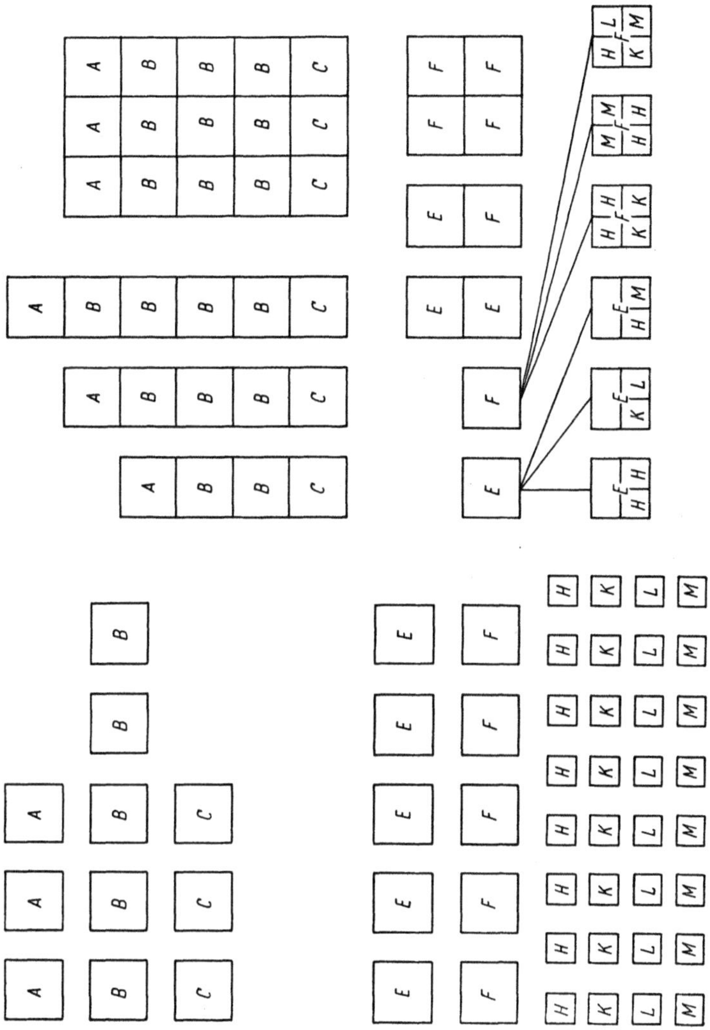

Bild 25. Büromöbel-Baukasten

Noch klarer ist das Bild der Zusammenstellung in zwei Richtungen in der unteren Bildhälfte. Links erkennt man die Großbausteine E und F, beispielsweise Schränke gleicher Breite und Tiefe, jedoch verschiedener Höhe. Rechts erkennt man die Zusammenstellungsmöglichkeiten

in senkrechter Richtung mit den Höhen E, F, $E+E$, $E+F$, $F+F$
in waagerechter Richtung die Aneinanderreihung der in beliebigen Höhen zusammengestellten Schränke.

Darunter erkennt man die Kleinbausteine H, K, L und M, die für die beiden Schranktypen die wunschgemäße Zusammenstellung der Inneneinrichtungen ermöglichen.

Ergänzend muß noch gesagt werden, daß diese Baukästen in verschiedenen Größen ausgeführt werden. So wurden von den Ideal-Schränken zum Beispiel schon zu Anfang 4 Größen mit verschiedenen Höhen und Tiefen der Schrankabteile ausgeführt und später noch um eine fünfte Größe erweitert.

13 Fräsmaschinen-Baukasten

Für die Fertigung von Fräsmaschinen wurde bereits 1920 bei der Fritz Werner AG in Berlin nach dem Baukastensystem gearbeitet. Einfache und Universal-Waagerecht-Fräsmaschinen wurden in vier, später fünf Größen gebaut, wobei innerhalb einer jeden Größe ein Baukasten benutzt wurde. Bild 26 zeigt eine Tafel aus dieser Zeit, auf der in Form eines Bauprogrammes die verschiedenen Maschinen der vier Baugrößen dargestellt sind, wobei gleiche Teile durch gleiche Nummern gekennzeichnet sind. Zu diesen Bausteinen traten später noch sechs verschiedene Supportausführungen hinzu.

Das grundsätzliche Bild der vier Baukästen ist das Bild 27. Auf der linken Seite sind die Bausteine und Sonderteile dargestellt. Es sind je Maschinengröße

1 Nicht-Baustein (Ständer für Senkrecht-Fräsmaschine)
1 Großbaustein (Ständer für einfache oder Universal-Waagerecht-Fräsmaschine) G
1 Kleinbaustein K (Konsole, für alle drei Maschinen)
1 Kleinbaustein V (Vorschubgetriebe, für alle drei Maschinen)
1 Kleinbaustein S (Tisch für einfache Waagerecht- und Senkrecht-Fräsmaschine)
1 Kleinbaustein ST (Tisch, erweitert für Universal-Fräsmaschine)
6 Kleinbausteine $S \cdots A$ bis $S \cdots F$ (Tische mit verschiedenen Selbst- und Eilgang-Ausführungen in den drei Verstellrichtungen).

Die rechte Bildseite zeigt das Bauprogramm für alle vier Baugrößen, wobei Anordnung und mehrfache Verwendung der Bausteine sichtbar sind. Unten links ist angedeutet, wie wahlweise eine der sechs Selbstgangausführungen an einer Maschine angebracht werden kann.

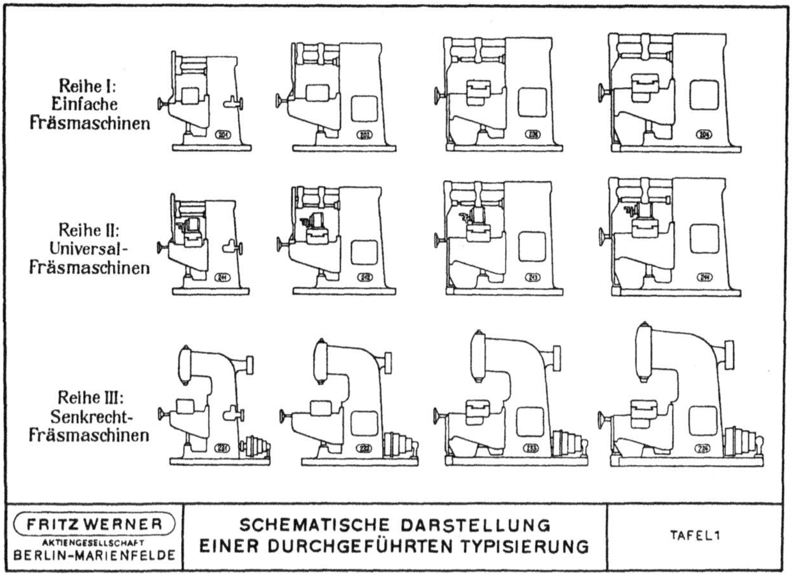

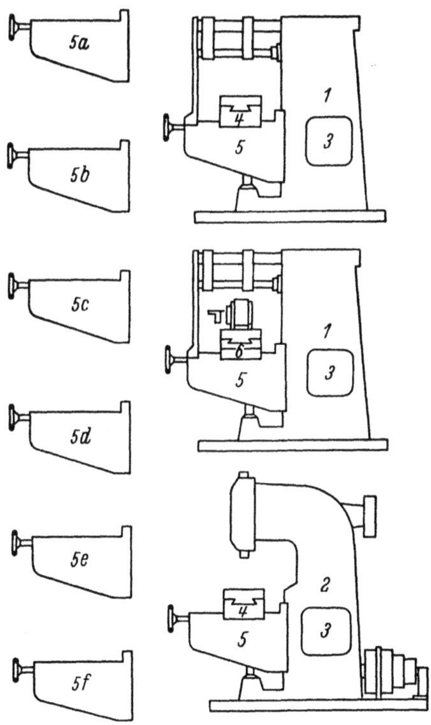

Bild 26. Fräsmaschinen-Baukasten (Fritz Werner AG, Berlin)

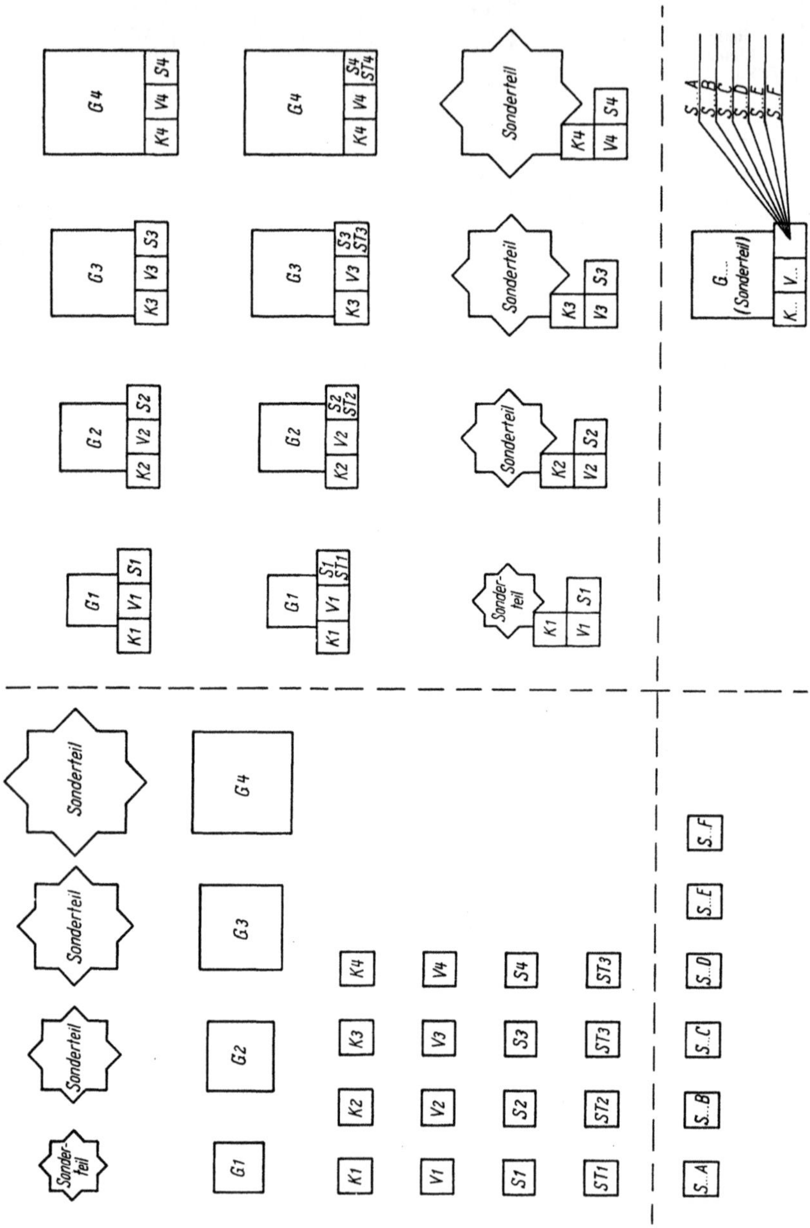

Bild 27. Fräsmaschinen-Baukasten

14 Drehmaschinen-Spindelkästen

In den Jahren 1927–1929 gelang es den Vereinigten Drehbankfabriken (VDF) erstmalig, einen Einheits-Spindelkasten für verschiedenste Drehmaschinen ihres Fertigungsprogrammes zu schaffen. Ausgehend von sorgfältigen Untersuchungen [*3*, *12*, *13*] gelang es, die Forderungen hinsichtlich größter und kleinster Drehzahlen, Größe des Bereiches und Zahl der Stufen mit einem besonders zweckmäßig aufgebauten Spindelkasten zu erfüllen. Die verschiedenen erforderlichen Getriebe lassen sich allein durch wechselnde Ausrüstung des einen Spindelkastens mit Rädern und Radblöcken aus einem „Baukasten" erreichen. Getriebe nach 7 verschiedenen Getriebeplänen lassen sich auf diese Art zusammenstellen und durch unterschiedliche Bestückung mit Rädern lassen sich innerhalb der einzelnen Getriebepläne die Drehzahlen und Bereiche noch weitgehend verändern. Es werden insgesamt unter Verwendung von 63 verschiedenen Rädern bzw. Radblöcken und einem Gehäuse 60 verschiedene Getriebe möglich, so daß das Bild des Ausrüstungsbaukastens deutlich hervortritt.

Die Untersuchungen, die zur Schaffung dieses Baukastens führten, sind zu umfangreich, um hier eingehend gewürdigt zu werden. Es sei deshalb auf die einschlägigen Literaturstellen [*3*, *12*, *13*] verwiesen. Das Ergebnis der Anwendung dieses Baukastens war eine erhebliche Einsparung an Konstruktionsstunden und -kosten, da ein Spindelkasten 25–30% der Kosten einer ganzen Drehmaschine umfaßt, und eine wesentlich verringerte Lagerhaltung, da ja die Zahl der Einzelteile stark zusammengeschrumpft war. Dafür spricht auch deutlich die Tatsache, daß seit 1929 immer noch die Spindelkästen mit dem gleichen Bohrbild auf Mehrspindelbohrmaschinen gebohrt werden.

Bild 28a–h zeigt die 7 verschiedenen Getriebepläne samt dem Drehzahlbild des ersten, Tabelle 1 zeigt das damit verwirklichte Bauprogramm.

15 Zahlensysteme

Unter den Zahlensystemen nimmt das Zweiersystem, auch Dualsystem, Dyadisches oder Binäres System genannt, eine Sonderstellung ein, weil es mit nur zwei Bausteinen – 0 und 1 – auskommt. Allein durch verschiedene Anordnung und Anzahl dieser zwei Bausteine vermag es alle Zahlen zu bilden, ist also ein außerordentlich sparsames System. Mit Vorteil wird es in elektronischen Rechenanlagen benutzt, weil die beiden Bausteine so einfach durch die Zustände „Strom" und „kein Strom" wiedergegeben werden können.

An die Stelle der Zehnerpotenzen im Zehnersystem treten im Zweiersystem Zweierpotenzen, wie es das folgende Beispiel zeigt:

Zehnersystem, $523 = 5 \cdot 10^2 + 2 \cdot 10^1 + 3 \cdot 10^0$.

Zweiersystem, $101 = 1 \cdot 2^2 + 0 \cdot 2^1 + 1 \cdot 2^0$ (= 5 im Zehnersystem).

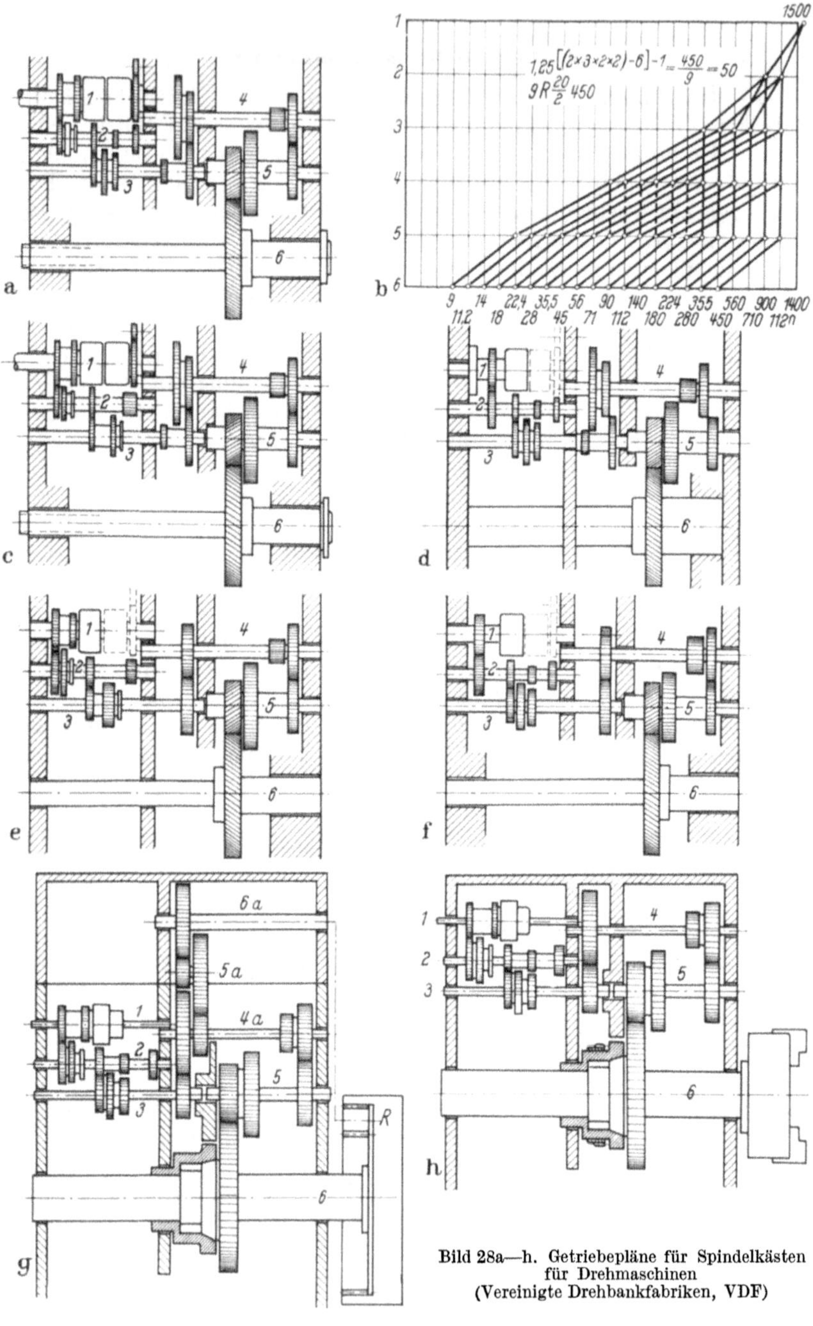

Bild 28a—h. Getriebepläne für Spindelkästen für Drehmaschinen (Vereinigte Drehbankfabriken, VDF)

Tabelle 1

Getriebeplan (Bild)	Hauptspindeldrehzahlen Anzahl	Drehzahlreihe (von ··· bis ··· U/min)	Stufensprung φ	Antriebsdrehzahl der Welle 1 (U/min)
28a	18	9 ÷ 450	1,25	1400
	18	9 ÷ 450	1,25	710
	18	4,5 ÷ 224	1,25	710
	18	5,6 ÷ 280	1,25	900
	18	6,3 ÷ 315	1,25	630
	18	7,1 ÷ 355	1,25	630
	18	7,1 ÷ 355	1,25	900
	18	9 ÷ 450	1,25	1250
	18	11,2 ÷ 560	1,25	900
	18	11,2 ÷ 560	1,25	1400
	18	14 ÷ 710	1,25	900
	18	14 ÷ 710	1,25	1400
	18	18 ÷ 900	1,25	900
	18	18 ÷ 900	1,25	1400
28g	18	1,8 ÷ 90	1,25	710
	18	2,8 ÷ 140	1,25	710
	18	3,55 ÷ 180	1,25	1400
28a	18	10 ÷ 500	1,25	900
	36	8 ÷ 450	1,12	710/1400
	36	10 ÷ 560	1,12	710/1400
	36	16 ÷ 900	1,12	710/1400
	21	2,5 ÷ 250	1,25	450/900
28h	12	5,6 ÷ 71	1,25	710
	12	6,3 ÷ 80	1,25	710
	12	7,1 ÷ 90	1,25	710
	12	8 ÷ 100	1,25	900
	12	9 ÷ 112	1,25	710
	12	11,2 ÷ 140	1,25	710
	12	11,2 ÷ 140	1,25	1400
	12	14 ÷ 180	1,25	1400

Tabelle 1 (Fortsetzung)

Getriebeplan (Bild)	Hauptspindeldrehzahlen Anzahl	Drehzahlreihe (von ··· bis ··· U/min)	Stufensprung φ	Antriebsdrehzahl der Welle 1 (U/min)
28h	12	18 ÷ 224	1,25	710
	12	18 ÷ 224	1,25	1400
	12	25 ÷ 315	1,25	710
	12	25 ÷ 315	1,25	1400
	12	35,5 ÷ 450	1,25	710
	12	35,5 ÷ 450	1,25	1400
	12	45 ÷ 560	1,25	900
	12	50 ÷ 630	1,25	1120
	12	56 ÷ 710	1,25	1400
28c	12	12,5 ÷ 560	1,4	1400
	12	6,3 ÷ 280	1,4	710
	12	16 ÷ 710	1,4	1400
	12	8 ÷ 355	1,4	710
28d	9	4,5 ÷ 180	1,6	710
	9	11,2 ÷ 450	1,6	710
	9	28 ÷ 180	1,25	710
	9	71 ÷ 450	1,25	710
28e	8	6,3 ÷ 71	1,4	710
	8	2,5 ÷ 280	1,4	710
	8	12,5 ÷ 140	1,4	1400
	8	50 ÷ 560	1,4	1400
	8	5,6 ÷ 63	1,4	710
	8	31,5 ÷ 355	1,4	710
	8	63 ÷ 710	1,4	1400
28f	6	4,5 ÷ 45	1,6	710
	6	45 ÷ 450	1,6	710
	6	14 ÷ 45	1,25	710
	6	140 ÷ 450	1,25	710
	6	140 ÷ 450	1,25	1400
	6	56 ÷ 90 224 ÷ 355	1,25	1400

16 Baukasten für Locheinheiten

Die Fa. Feinprüf, Feinmeß- und Prüfgeräte G.m.b.H. in Göttingen, hat einen Baukasten für Stanzwerkzeuge zum Ausstanzen von Löchern in Blechen geschaffen. Mit seiner Hilfe können für ein umfangreiches Arbeitsgebiet mit wenigen Bausteinen und ohne Sonderteile die benötigten Werkzeuge zusammengebaut werden. Die folgenden, verschiedenen Bausteine, die in beliebigen Stückzahlen bezogen werden können, gehören zum Baukasten:

Großbausteine:

3 Säulengestelle mit hintenliegenden Säulen

3 Säulengestelle mit mittigliegenden Säulen

3 Säulengestelle mit je vier Säulen

Kleinbausteine:

1 Begrenzungshalter für Werkstücke

je 1 Schnittbuchse und

1 Lochstempel für die Durchmesser 0,8 bis 10 mm (gestuft um je 0,1 mm) und 10 bis 50 mm (gestuft um je 0,5 mm)

6 Halter für Lochstempel

6 Halter für Schnittbuchsen

6 Ausrichtbuchsen

1 Federabstreifer, bohrbar für 0,8 bis 6 mm ∅

1 Federabstreifer, bohrbar für 5,6 bis 10 mm ∅

1 Federabstreifer, bohrbar für 9 bis 16 mm ∅

1 Federabstreifer, bohrbar für 14 bis 25 mm ∅

1 Federabstreifer, bohrbar für 22,5 bis 35 mm ∅

1 Federabstreifer, bohrbar für 31,5 bis 50 mm ∅.

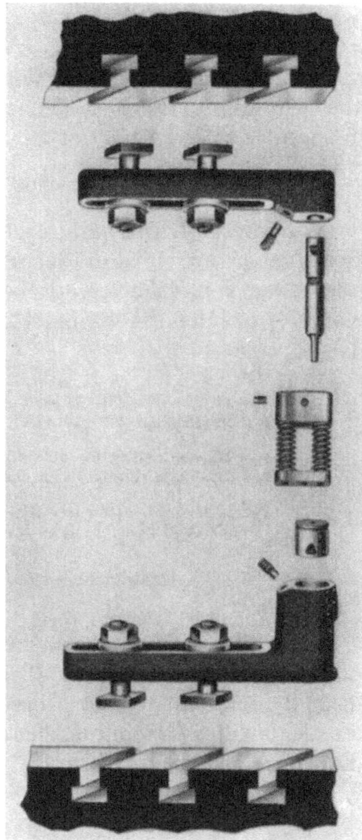

Bild 29. Bausteine für Lochwerkzeuge (Feinprüf, Feinmeß- und Prüfgeräte G.m.b.H., Göttingen)

Den konstruktiven Aufbau aus diesen Bausteinen zeigt das Bild 29 deutlich. Man erkennt das Bild eines Ausrüstungsbaukastens.

17 Zahnradgetriebebaukasten

Im Getriebebau ist es bei der Vielzahl der Kundenwünsche besonders schwer, zu einer Fertigung mit wirtschaftlichen Stückzahlen zu gelangen.

Der Baukasten der Westdeutschen Getriebewerke (WGW) ist ein Beispiel dafür, wie das Baukastensystem mit Erfolg zur Erreichung beider Ziele benutzt werden kann.

Voraussetzung für einen Getriebebaukasten ist eine Drehzahlnormung, damit die zu schaffenden Getriebe den Normdrehzahlen angepaßt werden können. Diese Norm liegt in DIN 112 mit Normzahlreihe 100—112—125—140 usw., also der Reihe R 20, vor. Diesen Vollastdrehzahlen als Ausgangsdrehzahlen der Getriebe kann man als Eingangsdrehzahlen zum Beispiel die Lastdrehzahlen der Asynchronmotoren, ebenfalls mit Zahlenwerten der Reihe DIN 112 gegenüberstellen:

2800—1400—900—710—560—450—355— usw.,

Aus dieser Überlegung ergaben sich die in dem Normblatt ZN 600 der Fachgruppe „Zahnräder und Getriebe“ festgelegten „Normalübersetzungen von Zahnradgetrieben“. Da diese Übersetzungen Quotienten von Normzahlen der Reihe R 20 sind, sind sie selber Normzahlen dieser Reihe.

$n_1 = 1400$ n_2 = 25–32–40–50–63–80–100–125–160–200–250–315–400–500–630–800–1000
i = 56–45–35,5–28–22,4–18–14–11,2–9–7,1–5,6–4,5–3,55–2,8–2,24–1,8–1,4

$n_1 = 900$ n_2 = 25–40–63–100–160–250–400–630
i = 35,5–22,4–14–9–5,6–3,55–2,24–1,4

$n_1 = 710$ n_2 = 25–40–63–100–160–250–400–630
i = 28–18–11,2–7,1–4,5–2,8–1,8–1,12.

Bild 30. Normalübersetzungen von Zahnradgetrieben

Das Bild zeigt die Tatsache, daß zum Erreichen von Ausgangsdrehzahlen der Vorzugsreihe R 10 gerade die Übersetzungen aus der Reihe R 20/2 gebraucht werden. Diese Überlegung war von Bedeutung bei der Festlegung des Anwendungsbereiches des Getriebebaukastens der WGW. Es wurde festgelegt, Stirnrad-, Kegelrad- und Kegelstirnradgetriebe mit Übersetzungen von

$$i = 2{,}5 \text{ bis } 112$$

zu schaffen. Die werksgenormten Übersetzungen und ihre Verteilung auf die verschiedenen Getriebestufen zeigt Bild 31. Man erkennt zunächst, daß alle Übersetzungen Normzahlen der Reihe R 20 sind, also dem Fachnormblatt ZN 600 entsprechen. Dann erkennt man, daß bei allen zweistufigen Getrieben die Übersetzung der ersten Stufe 3,15 oder 5 ist. Für je 14 Größen von Stirnrad- oder Kegelstirnradgetrieben bedeutet das, daß je Getriebeart 28 Radpaare für die erste Stufe benötigt werden, die für Ersatz auf Vorrat liegen. Das ist wichtig, weil die erste Getriebestufe die schnellaufende ist und wegen der Zahl der Zahneingriffe je Zeiteinheit dem höchsten Verschleiß unterliegt. Ist man bereit, gewisse Überdimensionierungen in Kauf zu nehmen, so können gleiche Radpaare für mehrere, zum Beispiel zwei, Getriebegrößen verwandt werden und der erforderliche Lagervorrat verschiedener Radpaare kann geringer werden. Von dieser Möglichkeit wird in dem vorliegenden Baukasten des öfteren Gebrauch gemacht.

Wichtig ist es weiterhin festzuhalten, daß alle dreistufigen Getriebe in der letzten Stufe die Übersetzung 4 haben. Die letzte Stufe ist für das

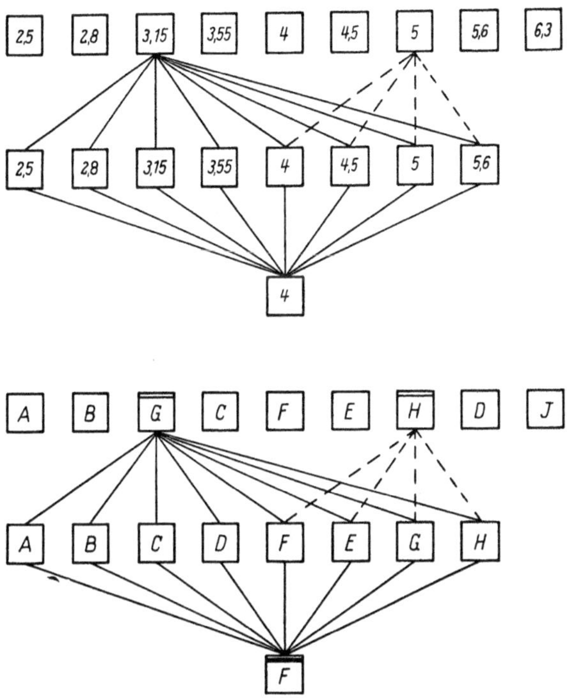

Bild 31. Getriebe-Übersetzungen (Westdeutsche Getriebewerke, WGW)

größte Drehmoment ausgelegt und erfordert deshalb große, kräftige und teure Räder, die meist mit aufgeschrumpften Stahlbandagen versehen werden. Da nun die Endübersetzung bereits festliegt, genügt es für jede Getriebegröße die eine Stufe zu bevorraten. Für die Fertigung der Endstufenräder bedeutet das zugleich eine Bedarfshäufung und eine Verbilligung durch Fertigung in großen Mengen.

Da für die zweite Stufe aller Getriebe acht Übersetzungen festliegen, scheint es so, als seien je Getriebegröße noch acht Radpaare erforderlich, bei 14 Getriebegrößen also 112 verschiedene Radpaare. Doch auch dieser Aufwand wurde dadurch stark verringert, daß man sich die Möglichkeit zunutze machte, gleiche Radpaare in verschiedenen Stufen verschiedener Getriebegrößen zu verwenden. Es leuchtet ein, daß sich auf diese Art die Zahl der nötigen verschiedenen Radpaare weiter verringern läßt. Das wird noch dadurch erleichtert, daß sämtliche Achsabstände nach der Reihe R 10 gewählt sind, so daß die Wiederkehr gleicher Achsabstände den Einsatz gleicher Radpaare recht oft ermöglicht.

Die Verwendung gleicher Radpaare an verschiedener Stelle hat zur Folge, daß die Auslastung der Räder je nach Einsatz verschieden ist. So hat die mehrfache Benutzung gleicher Radpaare zur Folge, daß sie in manchen Getrieben überdimensioniert erscheinen. Das wird zugunsten der Vorteile bewußt in Kauf genommen.

Die Zahnräder sind die wichtigsten, aber nicht die einzigen Bausteine der Getriebe. Gehäuse, Lager, Deckel, Wellen usw. gehören ebenso dazu. Der Baukasten sieht vor, daß für jede Getriebegröße nur ein Gehäuse vorhanden ist, in das sich alle, für diese Getriebegröße benutzbaren Teile einbauen lassen. In diese Gehäuse werden auch immer die gleichen Wälzlager eingebaut, so daß das über die Überdimensionierung Gesagte auch für die Lager gilt. Die Nachrechnung verschiedener Getriebe zeigt Lagerlebensdauern von 12000 bis 18000 h herauf bis über 100000 h! Die reichliche Bemessung wurde zugunsten der geringeren Zahl von Bausteinen gerne übernommen.

Die folgenden Zahlenangaben lassen die Eigenheiten dieses Getriebebaukastens noch weiter erkennen:

1. Aus 182 verschiedenen Einbauteilen lassen sich die Innenteile für 1050 verschiedene Getriebe zusammenstellen.

2. An die Stelle der Einzelfertigung von Gehäusen ist die Reihenfertigung in Reihen von je 10 Gehäusen getreten. Gegenüber der Einzelfertigung sinken die Fertigungskosten dadurch auf etwa 80%.

3. Die Bearbeitung von Kegelradpaaren in Zehnerserien kostet, verglichen mit der Einzelfertigung nur etwa 72%.

4. Für die Bewährung des Baukastensystems sprechen die Fertigungszahlen der zwanzig Jahre von 1935 bis 1955:

26000	Getriebe
70000	Abschlußdeckel
40000	Dichtungsdeckel
35000	Schaulochdeckel
18000	Paar Spiralkegelräder.

5. Alleine in den Jahren 1954 und 1955 wurden 1134 Bandagen mit 228 t Gewicht ab Lager verarbeitet.

6. Das Einformen der Getriebegehäuse und Deckel geschieht wegen der gleichbleibenden Serien bis zu erheblichen Größen auf Formmaschinen (Modell auf Formplatte), die gegenüber der Handformerei die 5–6fache Ausbringung in der gleichen Zeit ermöglichen.

7. Wie andere Getriebehersteller, so erklären auch die Westdeutschen Getriebewerke, daß ihr Lager kleiner im Verhältnis zum Umsatz sei als bei Einzelfertigung. Folgende Zahlen wurden genannt:

Stahllager	6,1%	vom Jahresumsatz
Magazin	6,1%	vom Jahresumsatz
Baukastenlager	10 %	vom Jahresumsatz
Halbfertiglager	8,5%	vom Jahresumsatz.

8. Für alle Getriebe, die seit 1935 geliefert wurden, sind die Bausteine vorhanden. Baukastengetriebe werden normal in etwa 3 Wochen, in Notfällen in Tagen geliefert. Sondergetriebe brauchen Lieferzeiten von 3–4 Monaten.

9. Die Benutzung von nur je 4 Wellen- und 4 Bohrungspassungen erleichtert die Fertigung sehr.

Müssen Sondergetriebe zusammengestellt werden, so werden auch hierfür weitgehend Bausteine benutzt. So werden zum Beispiel höhere Übersetzungen als 112 durch Vorlegen einer Stirnradstufe vor ein Normalgetriebe geschaffen, die ihrerseits auch dem Baukasten entstammt und üblicherweise als erste oder zweite Stufe einer kleineren Getriebegröße benutzt wird. Die Fertigung von Sondergetrieben wird dadurch erheblich erleichtert.

Auch in der Arbeitsvorbereitung liegen alle Fertigungsunterlagen so genau fest, daß die Fertigungsplanung und -vorbereitung leichter und einfacher wird. Stücklohnscheine sind für alle Arbeitsgänge vorrätig. Eine dreiteilige Stückliste vermeidet viele Schreibarbeiten:

Teil 1 für die mechanische Fertigung
Teil 2 für Baukastenteile ab Lager
Teil 3 für Magazinteile ab Lager.

Die Vorteile dieses Baukastens auch für den Benutzer haben dazu geführt, daß manche Unternehmen eine Auswahl dieser Baukastengetriebe für ihren Bereich zur Benutzung vorgeschrieben haben.

Das Bild 31 zeigt außer der Übersetzungsaufteilung dieses Getriebebaukastens in der unteren Bildhälfte die für eine grundsätzliche Darstellung dieses Baukastens gewählten Bezeichnungen der Bausteine Radpaar. Den grundsätzlichen Aufbau damit zeigt das Bild 32. Es leuchtet ein, daß für einen so großen und langdurchdachten Baukasten das Bauprogramm hier nicht gebracht werden kann. So zeigt das Bild nur eine Auswahl von Bausteinen und Kombinationen.

Auf der linken Seite erkennt man die Großbausteine, nämlich die verschiedenen Getriebegehäuse. In der Mitte sind die Bausteine Radpaar dargestellt, unterschieden nach Größe (Achsabstand, Ziffer) und Übersetzung (Buchstabe).

Auf der rechten Bildseite sind einige ausgewählte Getriebe dargestellt, wobei auch sichtbar ist, wie gleiche Bausteine in verschiedenen Getriebegrößen an verschiedener Stelle benutzt werden. Auf Wellen, Deckel, Lager und andere Bausteine wurde in der Darstellung verzichtet, um die Übersichtlichkeit nicht zu stören.

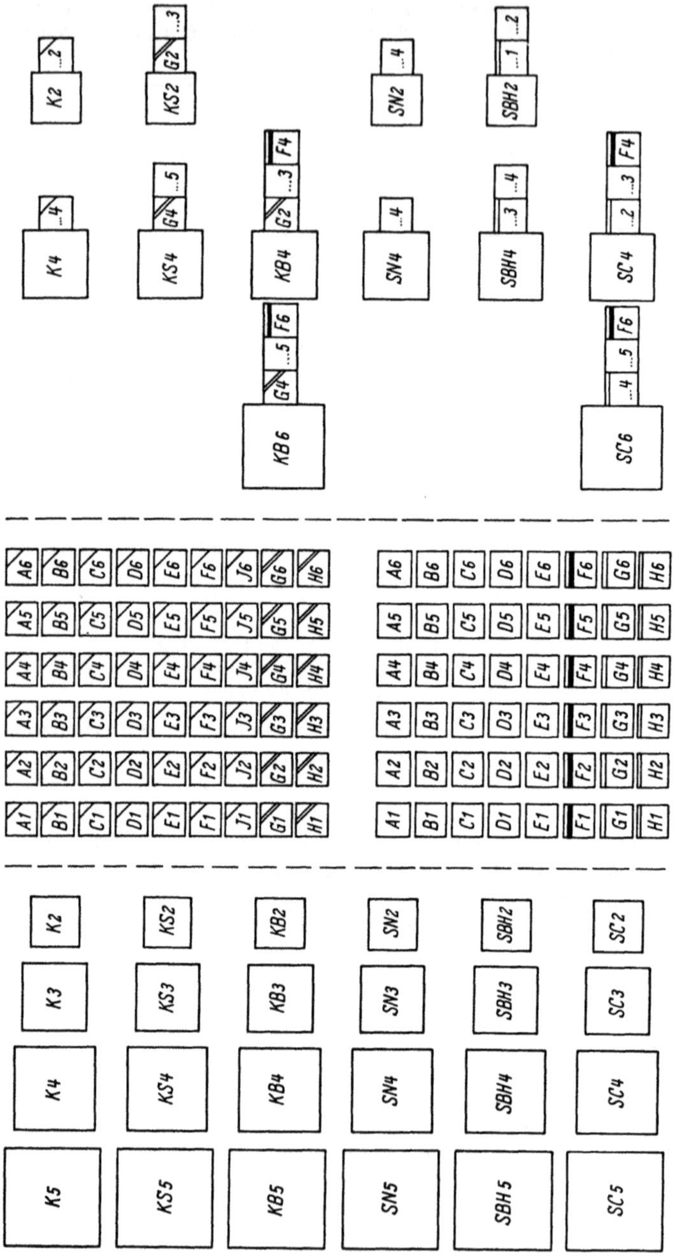

Bild 32. Ausschnitt aus einem Zahnradgetriebe-Baukasten

18 Stufenlos verstellbare Getriebe

Bei diesem, von der Firma PIV-Antrieb Werner Reimers KG hergestellten Baukasten handelt es sich um einen typischen Ausrüstungsbaukasten. Die auszurüstenden Großbausteine sind stufenlos verstellbare Kettengetriebe mit Rollen- oder Zahnkette, die in 8 verschiedenen Größen ausgeführt werden. Sie können stehend oder liegend angeordnet werden. Als Kleinbausteine fungieren Anbauten auf der Antriebs- bzw. Abtriebsseite, die von der jeweils gegebenen Antriebsart und -drehzahl zu der für das Getriebe günstigsten Eingangsdrehzahl überleiten und andererseits von dessen Ausgangsdrehzahl zu der je nach dem Verwendungszweck unterschiedlichen Abgabedrehzahl führen. Für jede der 8 Getriebegrößen besteht der Baukasten aus folgenden Bausteinen:

Großbausteine Getriebe *R* (Rollenkette) oder *A* (Zahnkette)

Kleinbausteine

Antriebsseitige Anbauten

Flanschmotoranbau mit Stirnradübersetzung	*F*
Flanschmotoranbau mit Stirnradübersetzung und eingebauter Anlaufkupplung	*KF*
Keilriemenantrieb mit Spannwippe	*M*
Keilriemenantrieb mit stirnseitiger Spannplatte	*Ms*
Zahnradübersetzung zur Reduktion höherer Eingangsdrehzahlen auf genormte Getriebeantriebsdrehzahlen	*N*
Kegelradübersetzung mit oder ohne Reduktion höherer Eingangsdrehzahlen auf genormte Getriebeantriebsdrehzahlen	*W*
Flanschmotoranbau mit eingebauter Anlaufkupplung	*WK*

Abtriebsseitige Anbauten

Einstufige Stirnradübersetzung	*B*
Einstufige Kegelradübersetzung	*L*
Zweistufige Stirnradübersetzung	*C*
Dreistufige Stirnradübersetzung für mittlere Übersetzungen und Drehmomente	*D*
Dreistufige Kegel- und Stirnradübersetzung für große Übersetzungen und Drehmomente	*LC*
Planetentrieb zur Vergrößerung des Regelbereiches, auch von Drehzahl 0 an, sowie Drehrichtungsumkehr durch 0 hindurch	*G*

Die übertragbare Leistung der Getriebe kann noch durch Leistungsverzweigung auf Kosten des Regelbereiches erhöht werden, indem auch auf der Antriebsseite ein Planetengetriebe *G* vorgesehen wird. Ohne Änderung des Regelbereiches kann die übertragbare Leistung durch Verwendung von Mehrfachgetrieben gesteigert werden. Bei diesen wird die Eingangsdrehzahl über ein Kegelradausgleichsgetriebe auf zwei antriebsseitige Stirnradstufen *N* verteilt, über zwei gleiche Getriebe, die gemeinsam verstellt werden können, geleitet und ihre Ausgänge auf eine gemeinsame abtriebsseitige Stirnradstufe *B* zusammengefaßt.

In dieser Form ist der Baukasten durch die Werbung der Herstellerfirma dem Kunden bekannt. Das Bauprogramm zeigt übersichtlich die folgende Tafel (Bild 33). Bedenkt man, daß die verschiedenen Bausteine dieses Baukastens in je acht verschiedenen Größen verfügbar sein müßten, so erkennt man, daß der Vorrat an Bausteinen hier noch recht vielfältig sein muß. Es lag deshalb nahe, den Auflösungsgrad

			Abtriebsseitige Anbauten							
			B	L	C	D	E	BC	LC	G
Grundbauart		A R	AB RB	AL RL	AC RC	AD RD	AE RE	ABC RBC	ALC RLC	AG –
Antriebsseitige Anbauten	F	FA FR	FAB FRB	FAL FRL	FAC FRC	FAD FRD	FAE FRE	FABC FRBC	FALC FRLC	FAG –
	KF	KFA –	KFAB –	KFAL –	KFAC –	KFAD –	– –	– –	– –	KFAG –
	M	MA MR	MAB MRB	MAL MRL	MAC MRC	MAD MRD	MAE MRE	– –	– –	MAG –
	Ms	MsA MsR	MsAB MsRB	MsAl MsRL	– –	– –	– –	– –	MsALC MsRLC	MsAG –
	N	NA NR	NAB NRB	NAL NRL	NAC NRC	NAD NRD	NAE NRE	NABC NRBC	NALC NRLC	NAG –
	W	WA WR	WAB WRB	WAL WRL	WAC WRC	WAD WRD	WAE WRE	WABC WRBC	– –	WAG –
	WK	WKA WKR	WKAB WKRB	WKAL WKRL	WKAC WKRC	WKAD WKRD	– –	– –	– –	– –
Erweiterte Grundbauart		GA	GAB	GAL	GAC	–	–	–	–	GAG
	M	MGA	MGAB	MGAL	MGAC	–	–	–	–	MGAG
Mehrfachgetriebe zweifach vierfach			N2AB N4AB			MsN2AB MsN4AB				

Bild 33. Bauprogramm stufenlos verstellbarer Getriebe (PIV-Antrieb, Werner Reimers KG)

zu erhöhen und auch für die Bausteine selbst noch einmal einen Baukasten zu benutzen. Durch die Normung der Zahnradübersetzungen war es hier — ebenso wie bei dem in Abschn. 16 beschriebenen Zahnradgetriebebaukasten — möglich, sich auf bestimmte Räder zu beschränken, die nun in verschiedenen Anbauten vorkommen. Das hat zur Folge, daß in jeder der 8 Getriebegrößen etwa 30 Zahnradpaare gebraucht werden, um alle Kombinationen herstellen zu können. Weitere Bausteine des zweiten Baukastens sind Getriebegehäuse, Anbaugehäuse, Seitenwände, Füße, Ketten, Wellen, Verstelleinrichtungen, Lager, Fernsteuerungen, Kupplungen und andere Teile.

Der grundsätzliche Aufbau dieses Baukastens, dargestellt an einer Getriebegröße, ist im Bild 34 ersichtlich. In dem eingerahmten Feld in der Bildmitte erkennt man die zwei Großbausteine *A* (Zahnkettengetriebe) und *R* (Rollenkettengetriebe). Links davon, noch im eingerahmten Feld der Bausteine stehen untereinander die Kleinbausteine für antriebsseitige Anbauten, rechts die Kleinbausteine für abtriebsseitige Anbauten. Der Aufteilung entsprechend sind außerhalb des Feldes mit den Bausteinen links einige Getriebe mit nur antriebsseitigen Anbauten, rechts einige Getriebe mit nur abtriebsseitigen Anbauten und unten Getriebe mit beiderseitigen Anbauten dargestellt.

19 Streuber-Böden für den Apparatebau

Im Apparatebau für die chemische Industrie bieten die Streuber-Böden, die von der Firma Julius Montz in Hilden hergestellt werden, ein hervorragendes Beispiel eines Ausrüstungsbaukastens. Sie werden in beliebigen Anzahlen in Kolonnen eingebaut, in denen Dampf oder Gas mit Flüssigkeit in engste Berührung kommen sollen, um Wärme oder Stoffaustauschvorgänge zu ermöglichen. Rektifizier- oder Destillierkolonnen werden mit einer Anzahl solcher Böden versehen, durch die von unten nach oben Gas oder Dampf emporsteigt, während die Flüssigkeit von oben nach unten durchläuft. Auf jedem Boden tritt Gas oder Dampf sprudelnd durch die Flüssigkeitsschicht hindurch. Den Aufbau eines solchen Bodens zeigt Bild 35.

Man erkennt im Schnitt zwei übereinander liegende Böden, die in den Mantel der Kolonnen eingesetzt und durch Zuganker gegeneinander festgelegt sind. Durch vier Segmente wird der Außenrand des Bodens geformt, so daß eine große rechteckige Öffnung gebildet wird. Diese Öffnung wird mit U-förmigen Kaminen und U-förmigen geschlitzten Hauben abgedeckt, die je nach dem dafür verwendeten Werkstoff (Metall, Keramik und Kunststoff) mit Hakenschrauben angeschraubt oder durch Keilverbindungen befestigt werden. Je nach der vorliegenden Aufgabe können sowohl die Kamine als auch die Abdeckhauben aus verschiedenen Werkstoffen und in verschiedenen geometrischen Formen hergestellt werden. Bild 36 zeigt diese Hilfsbausteine (Hakenschrauben bzw. Keilbefestigungen) und läßt dadurch deutlich den Baukastencharakter erkennen.

Das Bild 37 zeigt einen fertig ausgerüsteten Streuber-Boden.

Getriebebauart	antriebsseitiger Anbau	
FA und FR 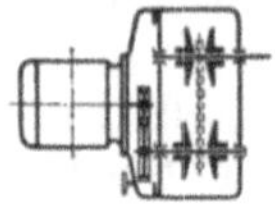	Flanschmotor-Anbau (Form B5) mit Stirnrad-Übersetzung	F 
KFA 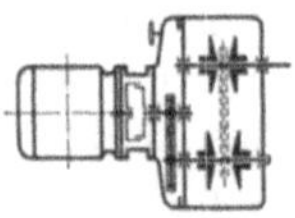	Flanschmotor-Anbau (Form B5) mit eingebauter Anlaufkupplung und Stirnrad-Übersetzung	KF 
MA und MR 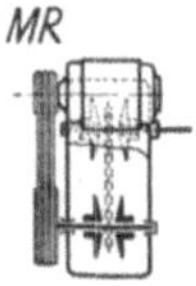	Keilriemen-Antrieb mit Spannwippe für Fußmotor	M 
MsA und MsR 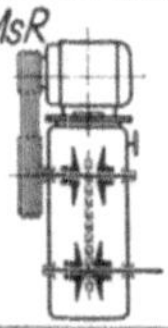	Keilriemen-Antrieb mit stirnseitiger Spannplatte für Fußmotor	Ms 
NA und NR 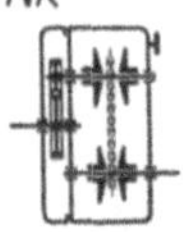	Stirnrad-Übersetzung zur Reduktion höherer Eingangsdrehzahlen auf genormte Getriebe-Antriebsdrehzahlen	N 
WA und WR 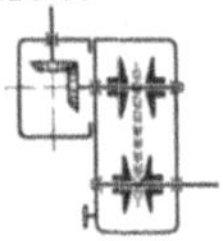	Kegelrad-Übersetzung mit oder ohne Reduktion der Eingangsdrehzahlen auf genormte Getriebe-Antriebsdrehzahlen	W 
WKA und WKR 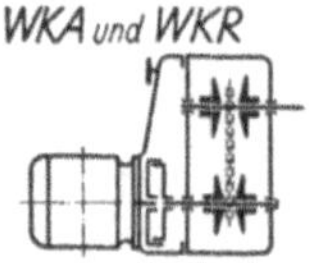	Flanschmotor-Anbau (Form B5) mit eingebauter Anlaufkupplung (ohne Stirnrad-Übersetzung)	WK 

Grundgetriebe A und R

stehend

liegend

Bild 34. Baukasten für PIV-Getriebe

	abtriebsseitiger Anbau		Getriebebauart
	 B	mit einstufiger Stirnrad-Übersetzung	AB und RB 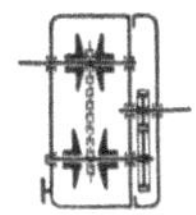
	 L	mit einstufiger Kegelrad-Übersetzung	AL und RL 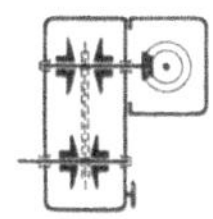
Grundgetriebe A und R  stehend	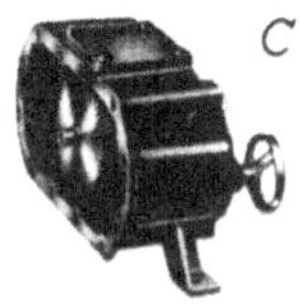 C	mit zweistufiger Stirnrad-Übersetzung	AC und RC 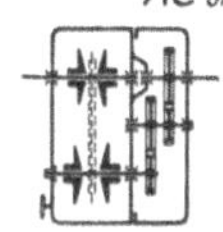
	 D	mit dreistufigem Stirnradgetriebe für mittlere Übersetzungen und Drehmomente	AD und RD 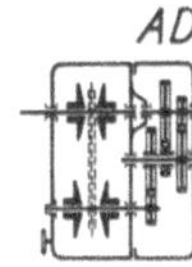
 liegend	 BC	mit dreistufigem Stirnradgetriebe für große Übersetzungen und Drehmomente	ABC und RBC 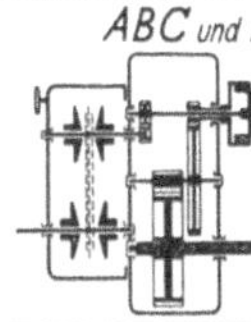
	 LC	mit dreistufigem Kegel-Stirnradgetriebe für große Übersetzungen und Drehmomente	A LC und R LC 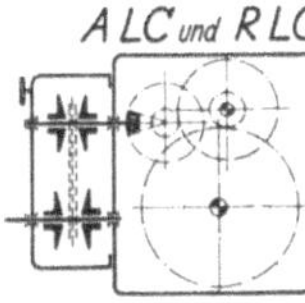
	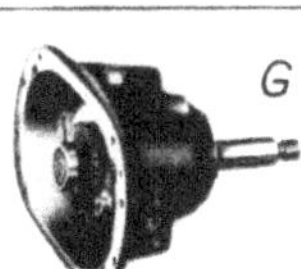 G	mit Planetentrieb zur Vergrößerung des Regelbereiches, auch von Drehzahl 0 an, sowie Drehrichtungs-Umkehr durch 0 hindurch	AG 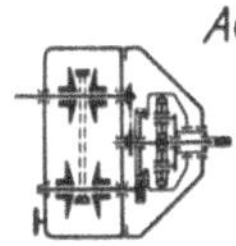

(Werner Reimers KG, Bad Homburg)

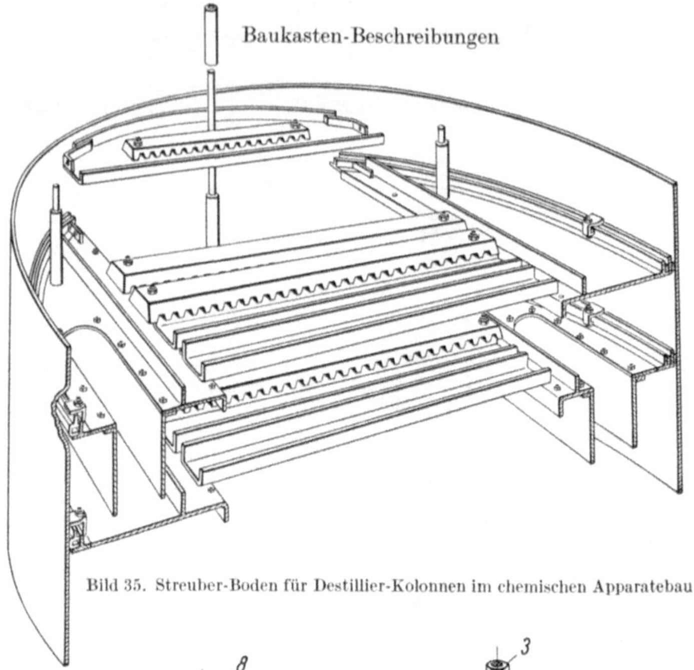

Bild 35. Streuber-Boden für Destillier-Kolonnen im chemischen Apparatebau

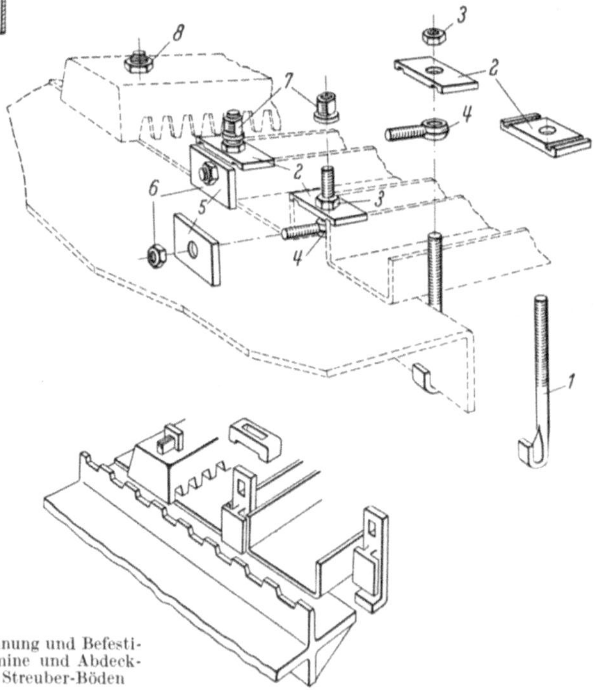

Bild 36. Anordnung und Befestigung der Kamine und Abdeckhauben von Streuber-Böden

Bild 37. Ansicht eines vollständigen Streuber-Bodens (Julius Montz, Hilden/Rhein)

20 Aufbau-Werkzeugmaschinen

Der Baukasten mit den Werkzeugmaschinen-Aufbaueinheiten der Firma Honsberg in Remscheid läßt den im Abschn. 7 der Arbeit beschriebenen Entwicklungsgang des Baukastens gut erkennen.

Die Festlegung des Anwendungsbereiches und die Aufstellung eines fest umrissenen Bauprogramms sind hier nicht möglich. So mußten zunächst die Teilfunktionen der aus den Bausteinen zusammenzustellenden Werkzeugmaschinen festgelegt werden. Bohren, Gewindebohren, Drehen, Fräsen und Schleifen sind die Arbeitsgänge, die auf den Maschinen möglich sein sollten. Folgende Teilfunktionen wurden dafür festgelegt:

Werkzeugbewegung und -antrieb
Vorschubbewegung
Schaltung und Steuerung
Vorschubantrieb
Werkstückaufnahme und -bewegung
Aufnahme der verschiedenen Einheiten.

Der Festlegung dieser Teilfunktionen folgte die Elementarisierung, die folgende Elemente ergab:

Für Werkzeugbewegung und -antrieb Arbeitseinheiten zum Bohren, Gewindebohren, Langdrehen, Plandrehen, Fräsen und Schleifen; jeweils mit Antriebseinheiten,

für die Vorschubbewegung: Vorschubeinheiten,
für Schaltung und Steuerung: Steuerungseinheiten,
für den Vorschubantrieb: Antriebseinheiten,
für Werkstückaufnahme und -bewegung: Takteinheiten,
für die gemeinsame Aufnahme dieser Elemente Gestelleinheiten.

Die Zweckmäßigkeit dieser Elementarisierung mußte danach auf Grund eines Baumusterplanes untersucht werden, denn die Aufstellung eines vollständigen Bauprogrammes ist ja hier nicht möglich. In der letzten Stufe der Baukastenentwicklung wurden dann die folgenden Bausteine werksgenormt:

Arbeitseinheiten:

Bohreinheiten B 16 – B 25 – B 40 – B 63
(Die Zahlen entsprechen der Bohrleistung in Stahl)
Gewindebohreinheiten G6 – G10 – G16 – G24 – G40
(Die Zahlen entsprechen der Bohrleistung in Stahl)
Langdreheinheiten D 1 – D 2 – D 4 – D 8
(Die Zahlen entsprechen der Leistung in kW)
Plandreheinheiten P 1 – P 2 – P 4 – P 8
(Die Zahlen entsprechen der Leistung in kW)
Fräseinheiten F 1 – F 2 – F 4 – F 8 – F 16 – F 25 – F 40
(Die Zahlen entsprechen der Leistung in kW)
Schleifeinheiten S 25 – S 50 – S 100 – S 200 – S 350 – S 500
(Die Zahlen entsprechen den Scheibendurchmessern)
Antriebseinheiten A 0,4 – A 1 – A 2 – A 3 – A 4 – A 6 – A 8 – A 12 – A 16 – A 20
(Die Zahlen entsprechen den Leistungen in kW)

Vorschubeinheiten:

Tischeinheiten TE 200 – TE 250 – TE 315 – TE 400 – TE 500 – TE 630
(Die Zahlen entsprechen den Tischbreiten)

Steuerungseinheiten:

ES 1 – ES 2 – ES 4 – ES 8 – ES 16
(Die Zahlen entsprechen den Leistungen in kW)

Vorschubsantriebseinheiten:

Eilgang-Vorschub-Einheiten EV 4 und EV 6
(Die Zahlen entsprechen den Drehmomenten in mkg)

Takteinheiten:

Reihentakteinheiten RE 250 – RE 315 – RE 400 – RE 500 – RE 630 – RE 800
(Die Zahlen entsprechen den Tischbreiten)
Fließtakteinheiten FE 250 – FE 315 – FE 400 – FE 500 – FE 630 – FE 800
(Die Zahlen entsprechen den Tischbreiten)
Rundtakteinheiten RU 315 – RU 400 – RU 500 – RU 630 – RU 800 – RU 1000
(Die Zahlen entsprechen den Tischdurchmessern)

Gestelleinheiten:

Grundmaschineneinheiten GM 250 – GM 315 – GM 400 – GM 500 – GM 630 GM 800
(Die Zahlen entsprechen den zugehörigen Tischbreiten).

Bei der Betrachtung dieser Bausteine fällt auf, daß die Steuerungseinheiten allein nach Leistungen gestuft sind, obwohl doch bei gleicher Leistung verschiedene Steuerungsaufgaben vorliegen können. Tatsächlich ist es hier gelungen, die Steuerung in sich nach einem Plan aufzubauen, der es ermöglicht, allein durch andere Verdrahtung einer Klemmenleiste allen Steuerungswünschen nachkommen zu können. Es liegt hier ein Baukasten im Baukasten vor!

Folgende Steuerungsaufgaben werden unterschieden:

Schaltungen der Tischbewegung (Vorschub vorwärts und rückwärts, Eilgang vorwärts und rückwärts) 12 verschiedene Möglichkeiten.

Schaltungen der Arbeitsspindel (Rechtslauf, Halt, Linkslauf, Drehrichtungswechsel) zu verschiedenen Zeitpunkten, 10 verschiedene Möglichkeiten.

Steueraufgaben zur Abwandlung der genannten Möglichkeiten (Halt vor Festanschlag, Schaltverzögerung, Spindel bremsen, Sprungschaltung, Vielhub) 7 Möglichkeiten.

Auf Grund dieser Ordnung der Steuerungsmöglichkeiten kann die Mehrzahl der anfallenden Aufgaben durch drei Ziffern gekennzeichnet werden, von denen die erste die Tischschaltung, die zweite die Spindelschaltung und die dritte die Steueraufgabe angibt. Die Steuerungseinheiten sind einheitlich aufgebaut, wie es das Bild 38 zeigt. Zur Erfüllung einer bestimmten Aufgabe sind lediglich auf der Klemmenleiste rechts unten im Bild einige Drähte gemäß dem Bauprogramm dieser Schaltung anzuordnen!

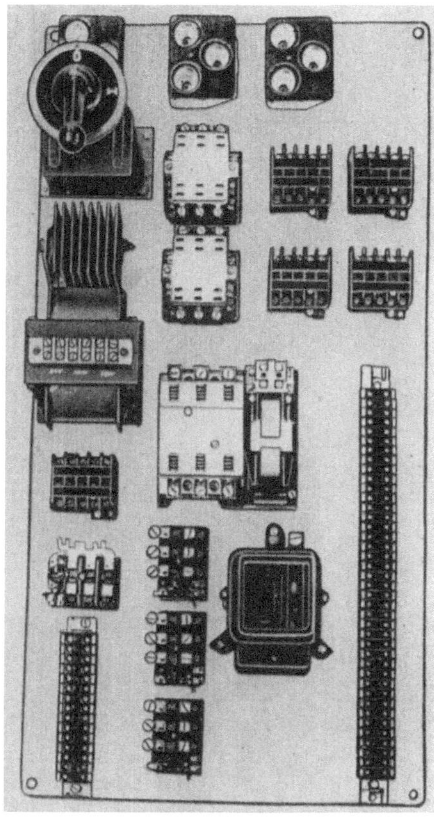

Bild 38. Steuerungseinheit für Aufbau-Werkzeugmaschinen (Gebr. Honsberg, Remscheid)

Da die Grund-Maschineneinheiten für den Aufbau von Werkzeugmaschinen mit nur einer Arbeitseinheit bestimmt sind, müssen für viele Maschinen Sondergestelle, die keine Bausteine sind, geschaffen werden.

Den grundsätzlichen Aufbau dieses Baukastens zeigt das Bild 39.

Auf der linken Seite sind die Einzelteile dargestellt, Maschinengestelle als Sonderteile (Nicht-Bausteine) oder Großbausteine und alle oben angeführten Einheiten, die hier als Kleinbausteine gelten müssen. Auf der rechten Bildseite sind Muster einiger aus diesen Teilen zusammengebauter Maschinen dargestellt. Oben rechts eine allein aus Bausteinen aufgebaute Maschine (Ausrüstungsbaukasten, Typ Nr. 4), darunter zwei Maschinen, die erkennen lassen, wie sich an Nicht-Bausteine

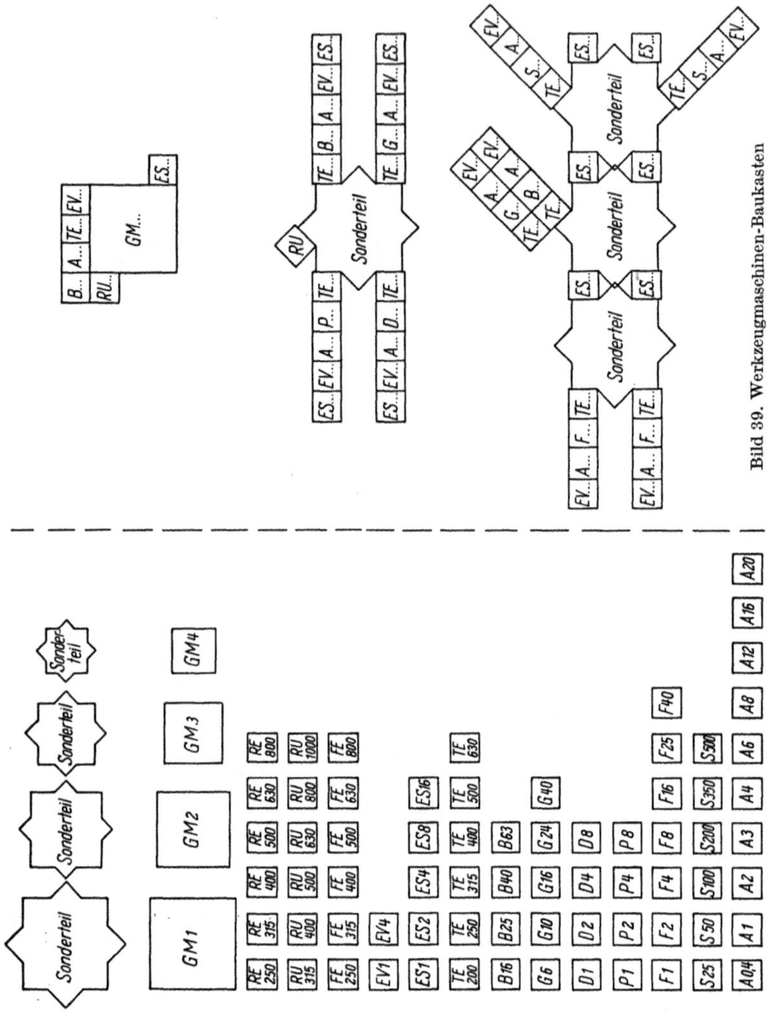

Bild 39. Werkzeugmaschinen-Baukasten

(Sondergestelle) Kleinbausteine „ankristallisieren" und die Nicht-Bausteine zu fertigen Maschinen ausrüsten (Baukasten zur Ausrüstung von Nicht-Bausteinen, Typ Nr. 7).

21 Dieselmotoren-Baukasten

Die Firma Klöckner-Humboldt-Deutz AG in Köln hat zwei Baureihen luftgekühlter Dieselmotoren entwickelt, bei deren Fertigung das Baukastensystem dem Hersteller und dem Benutzer Vorteile bringt. Für den Hersetller ermöglicht es eine Häufung der Stückzahlen bei gleichzeitiger Verringerung der Zahl verschiedener Teile, für den Benutzer erleichtert es Wartung und Instandhaltung, sofern er mehrere Motoren betreibt, da er an den verschiedenen Motoren viele wesentliche Teile gleich hat.

Die erste Baureihe umfaßt Reihenmotore mit 1, 2, 3, 4, 6 Zylindern. Die zweite Baureihe umfaßt Reihenmotore mit 1, 2, 3, 4, 6 und V-

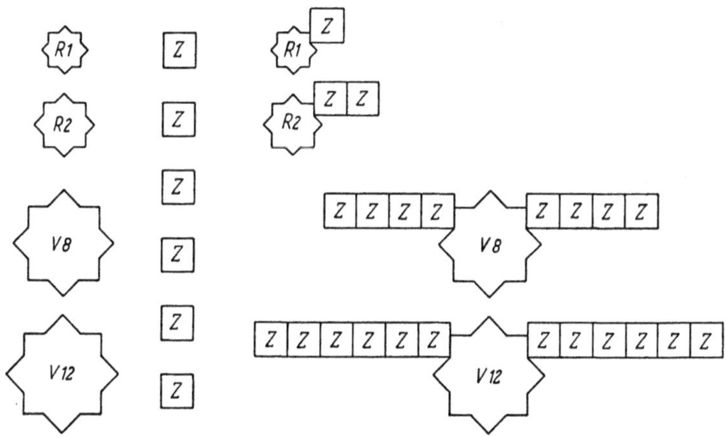

Bild 40. Dieselmotoren-Baukasten

Motore mit 6, 8 und 12 Zylindern. Baureihe 1 hat nur Zylinder mit 95 mm Bohrung und 120 mm Hub, Baureihe 2 nur Zylinder mit 110 mm Bohrung und 140 mm Hub. Die Beschränkung auf eine Zylinderbohrung und einen Hub je Baureihe hatte zur Folge, daß innerhalb dieser Reihen eine große Zahl gleicher Teile auftritt:

Zylinder, Zylinderköpfe, Zylinderkopfhauben, Kolben, Kolbenbolzen, Verdichtungsringe, Ölschlitzringe, Pleuelstangen (teilweise), Ventile, Ventilführungen, Ventilfedern, Sitzringe, Kipphebel, Einspritzventile und verschiedene Kleinteile.

Für das Bild der Motorenreihen folgt damit, daß für jeden Motor eine Reihe von Teilen erforderlich ist, die nur für diesen Motor benötigt wird und eigens dafür konstruiert ist. Im wesentlichen gehören zu dieser Gruppe das Kurbelgehäuse mit der Kurbelwelle, Ölwanne usw. Diesen Teilen steht eine Anzahl von Teilen gegenüber, die sowohl am gleichen als auch an jedem anderen Motor der Reihe mehrfach benutzt werden, es sind eben die obengenannten Bauteile.

Den Baukastencharakter bei dieser Bauweise erkennt man an der grundsätzlichen Darstellung im Bild 40, das den Baukasten der Motorenreihe 2 im Auszug zeigt. Links erkennt man die Nicht-Bausteine (bestehend aus der je Motor vorhandenen Gruppe eigens konstruierter Teile) und die Bausteine (bestehend aus der sich um den Zylinder gruppierenden Reihe immer wiederkehrender Teile). Auf der rechten Seite, die zugleich das Bauprogramm dieser Motorenreihe darstellt, erkennt man den Charakter des Mischsystems daran, daß verschiedene Nicht-Bausteine *R* und *V* mit verschiedenen Anzahlen der Bausteine *Z* ausgerüstet werden. Es liegt hier deutlich der Fall eines Baukastens zur Ausrüstung von Nicht-Bausteinen vor, der in der Ordnung der Baukästen als Typ Nr. 7 festgelegt wurde.

22 Verdrahtungsbaukasten für Schaltschränke

Einfacher Aufbau und übersichtliche Anordnung der Verdrahtung in Schaltschränken und Steueranlagen sind für deren Betriebssicherheit und Instandhaltung wichtig. Eine interessante konstruktive Lösung

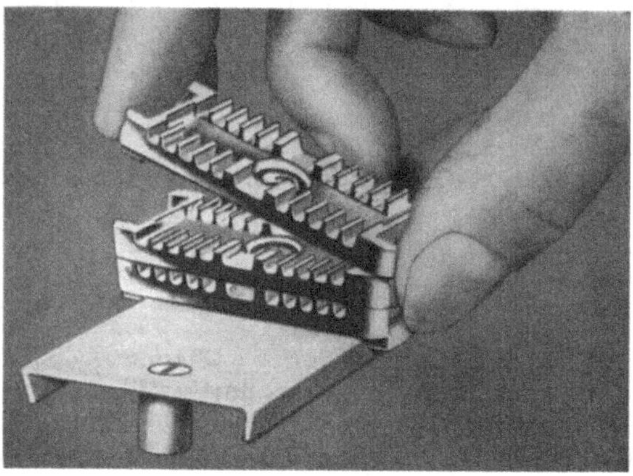

Bild 41. Huckepack-Schellen (Rudolph W. Lipp, Berlin)

dafür ist die Huckepack-Verdrahtung der Firma Rudolph W. Lipp in Berlin (Lizenz Askania-Werke AG).

Bild 41 läßt den Aufbau erkennen: Auf Montageschienen von je 1 m Länge werden Registerschellen aus Kunststoff aufgeklemmt, die für isolierte Schaltdrähte mit 1,5—2,5—4—6 mm² Querschnitt lieferbar sind. Je nach Drahtstärke kann eine Schelle 10, 8 oder 6 Drähte aufnehmen. Die Schellen werden ohne Schrauben von Hand auf die Halteschiene aufgeklemmt. Sollen mehr Drähte verlegt werden, als eine Schelle aufzunehmen vermag, so können weitere gleiche Schellen auf die erste in gleicher Weise aufgesetzt werden. Die Drähte werden auf diese Art sicher und übersichtlich geordnet gehalten und sind jederzeit bequem zugänglich. Zur Befestigung der Montage-Schienen im passenden Abstand von der Grundplatte dienen Distanzstücke, zur Kennzeichnung der Drähte breite oder schmale Bezeichnungshülsen.

3 Sammlung von Baukästen

Die folgende Sammlung von Baukästen aus allen Bereichen der Technik wurde zusammengestellt, um zu zeigen,

wie weit das Baukastensystem bereits verbreitet ist,
wie vorhandene Baukästen ausgeführt sind,
wie vorhandene Baukästen einzuordnen sind,
wer aus den Baukästen Nutzen zieht.

Die Sammlung ist nicht vollständig, sie sollte aber genügen, um die weitgehende Anwendbarkeit des Baukastensystems zu zeigen. Der Auswahl liegt keinerlei Wertmaßstab zugrunde, auch kann aus ihr kein zahlenmäßiger Schluß über die Verbreitung des Baukastensystems gezogen werden.

Die *Baukästen* werden, nach Anwendungsgebieten geordnet in Spalte 1 genannt.

Die *Bausteine und Nicht-Bausteine* (es sind auch Mischsysteme erfaßt) sind in Spalte 2 aufgeführt, wobei vielfach nur einige beispielhaft erwähnt sind.

Die *Einordnung der Baukästen* (Typ Nr. nach Abschn. 62 Bild 10) zeigt Spalte 3.

Der jeweilige *Nutznießer des Baukastens* ist in der Spalte 4 genannt. Es steht jeweils H für den Hersteller oder B für den Benutzer des Baukastens.

Von der *Namensnennung* des Herstellers wurde bewußt abgesehen, da nicht alle aufgeführt werden können und überdies viele Baukästen von mehreren konkurrierenden Herstellern in ähnlicher Form gefertigt werden.

1 Baukasten	2 Bausteine	3 Typ	4 Nutzen
1. Fertigung:			
Werkzeugmaschinen	Nicht-Bausteine: Sondergestelle Großbausteine: Gestelleinheiten		

1 Baukasten	2 Bausteine	3 Typ	4 Nutzen
	Kleinbausteine: Bohreinheiten Fräseinheiten Dreheinheiten usw. Tischeinheiten Vorschubeinheiten Antriebseinheiten Steuerungseinheiten usw.	4,7	B
Fräsmaschinen	Nicht-Bausteine: Sondergestelle Großbausteine: Gestelleinheiten Kleinbausteine: Knietische Vorschubgetriebe usw.	4,7	H
Langfräsmaschinen	Nicht-Bausteine: Sondergestelle Bausteine: Gestelleinheiten Ständereinheiten Tischeinheiten Vorschubeinheiten Fräseinheiten	4,7	H
Holzbearbeitungsmaschinen	Nicht-Baustein: Grundeinheit Bausteine: Dickenhobel Langlochbohrvorrichtung Kreissäge Tischfräse Bandsäge usw.	7	B
Vorrichtungen	Großbausteine: Grundplatten Kleinbausteine: Quader Platten Laschen Hammerschrauben Muttern Spannklauen usw.	4	B
Flachschleifmaschine	Nicht-Baustein: Schleifmaschine Kleinbausteine: Abziehvorrichtung Scheibenflansche Auswuchtdorne Abröllböcke		

1 Baukasten	2 Bausteine	3 Typ	4 Nutzen
	Meß- und Steuergeräte Magnetspannplatten Schraubstock usw.	8	B
Universal- Kleinwerkzeugmaschine	Großbaustein: Grundkörper Kleinbausteine: Spindelstock Reitstock Teilkopf Bettschlitten Schleifeinrichtung Bohr- u. Fräseinrichtung usw.	4	B
Kleinwerkzeugmaschinen	Großbausteine: Handmotoren Kleinbausteine: Querhalter Senkrechthalter Ständer Klemmhalter Schlittenführung usw.	4	B
Lochwerkzeuge	Großbausteine: Säulengestelle Kleinbausteine: Schnittbuchsen Schnittstempel Halter Abstreifer Ausrichtbuchsen usw.	4	B
2. Meßtechnik:			
Endmaße	Großbausteine: Maßhalter Maßverbinder Meßschnäbel usw. Kleinbausteine: Maßblöcke	2,5	B
Gewichte	Gewichtsstücke	2,3	B
Mehrfachmeßgeräte	Großbausteine: Grundplatten Kleinbausteine: Meßuhrenhalter Meßuhren Feintaster Innenmeßdorne Außenmeßrachen	4	B
Wälzprüfgeräte	Nicht-Baustein: Grundgerät Kleinbausteine: Aufsatz f. Einflankenpr.		

1 Baukasten	2 Bausteine	3 Typ	4 Nutzen
	Aufsatz f. Zweiflankenpr. spielfrei mit festem Achsabstand, f. Feinmechanik usw.	8	B
Frequenzmesser	Nicht-Baustein: Grundgerät Kleinbausteine: Federzungen	7	H
3. Regeltechnik:			
Regelgeräte	Großbausteine: Gehäuse Kleinbausteine: Meßwerke Verstärker usw.	4	H
Regelanlagen	verschiedene Fühler verschiedene Regelgeräte verschiedene Stellglieder	3	B
4. Allgemeiner Maschinenbau:			
Zahnradgetriebe	Großbausteine: Gehäuse Kleinbausteine: Radpaare Wellen Lager Deckel usw.	4	H
Stufenlose Getriebe	Großbausteine: Grundgetriebe Kleinbausteine: Anbauten, antriebsseitig Anbauten, abtriebsseitig	4	H
Rohrleitungssysteme	Rohre Verschraubungen Flanschverbindungen Absperrventile Absperrschieber Verzweigungen usw.	3	B
Ölhydraulische Anlagen	Ölbehälter Filter Pumpen Ventile Steuerschieber Regler Motoren Zylinder usw.	3	B
Wälzlager	Außenringe Innenringe Käfige Kugeln		

1 Baukasten	2 Bausteine	3 Typ	4 Nutzen
	Rollen Nadeln Bordscheiben usw.	3	H
Tellerfedern	Teller	1,3	B
Kreiselpumpen	Gehäuse Gehäusezwischenstücke Gehäusedeckel Zuganker Laufräder usw.	4	H
Kolben-Kompressoren	Nicht-Bausteine: Gestelle Triebwerke Kleinbausteine: Zylindergruppen	7	H
5. Kraftmaschinen:			
Dieselmotoren, Dampfmotoren	Nicht-Bausteine: Kurbelgehäuse Kurbelwellen usw. Kleinbausteine: Zylindergruppen	7	H
Elektromotoren	Blechpakete Wicklungen Läufer Gehäuse Lagerschilde Anschlußflansche	3	H
6. Verkehrswesen:			
Eisenbahnoberbau	Großbausteine: Schienen Schwellen Weichen Kreuzungen Kleinbausteine: Federnägel Laschen Schrauben	6	B
Eisenbahnzüge	Diesellok Elektrolok Packwagen Personenwagen Güterwagen	4	B
Lastrohrfloß	Lastrohre	1	B
7. Förderanlagen:			
Trogbandförderer (Stahlgliederbänder)	Tröge (Matten) Ketten Rollen Traggerüstteile		

1 Baukasten	2 Bausteine	3 Typ	4 Nutzen
	Kopfantriebe Zwischenantriebe Umkehren	3	B
Ketten-Kratzförderer	Kratzer Ketten Rinnen Antriebe Umkehren	3	B
8. Wärme- und Kältetechnik:			
Warmwasserheizung	Großbausteine: Heizkessel Heizkörper Kleinbausteine: Rohre Ventile Verschraubungen	4	B
Heizkörper	Großbausteine: Heizrippen Kleinbausteine: Verbindungsnippel	6	B
Klimaanlagen	Kühlaggregate Heizaggregate Luftfilter Lufttrockner Luftbefeuchter	2	H
9. Landwirtschaft:			
Einachs-Motorgerät	Großbaustein: Grundgerät Kleinbausteine: Bodenfräse Rasenmäher Pflug Kultivator Lochstern usw.	4	B
Ackerschlepper	Nicht-Baustein: Schlepper Kleinbausteine: Mähbalken Pflüge Rodegeräte Kraftheber usw.	8	B
10. Feinwerktechnik:			
Uhren	Großbausteine: Uhrwerke Kleinbausteine: Gehäuse Zifferblätter Zeigerpaare	4	H

1 Baukasten	2 Bausteine	3 Typ	4 Nutzen
Fotoapparate	Großbaustein: Kameragehäuse Kleinbausteine: Objektive Vorsatzlinsen Filter Belichtungsmesser Entfernungsmesser Stativ usw.	4,5	B
Mikroskope	Großbaustein: Ständer Kleinbausteine: Okulare Objektive Beleuchtungseinricht. usw.	4,5	B
11. Bergbautechnik:			
Großlochbohrmaschinen	Großbausteine: Bohrmaschinen Kleinbausteine: Bohrrohre Führungsstücke Bohrer	4	B
Schrämmaschinen	Großbausteine: Winden Motoren Schrämköpfe Kleinbausteine: Schrämarme Schrämketten Schrämwalzen Schrämmeißel	4	H, B
Blasversatz-Anlagen	Großbausteine: Blasmaschinen Kleinbausteine: Rohre, Kupplungen	4,6	B
12. Haushaltstechnik:			
Küchenmaschinen	Großbaustein: Motorteil Kleinbausteine: Mixer Kaffeemühle Rührwerk Fleischwolf usw.	4	B
Nähmaschinenfüße	Nicht-Baustein: Nähmaschine Kleinbausteine: Nähfuß Säumfuß		

1 Baukasten	2 Bausteine	3 Typ	4 Nutzen
	Stickfuß Stopffuß usw.	8	B
13. Elektrotechnik:			
Schaltwarten	Eingangsfeld Generatorenfeld Verteilerfeld Ausgangsfeld usw.	3	B
Schaltschränke	Großbausteine: Gehäuse Kleinbausteine: Schütze Schalter Sicherungen Signallampen Klemmen usw.	4	H, B
Walzenschalter	Großbausteine: Gehäuse Kleinbausteine: Frontplatte Griffe Kontaktbrücken Kontakte usw.	4	H
Anschlußklemmen	Großbaustein: Montageschiene Kleinbausteine: Klemmen Schlußstücke Schrauben usw.	4	B
Verteiler	Großbausteine: Traggestell Kleinbausteine: Eingangskasten Sammelschienenkasten Sicherungskasten Schalter usw.	4	B
Rundfunk- und Fernsehgeräte	Nicht-Bausteine Gehäuse Chassis Kleinbausteine: Widerstände Kondensatoren Sockel Röhren Knöpfe Drucktasten usw.	7	H
Fernsprechamts- einrichtungen	Großbausteine: Traggestelle		

1 Baukasten	2 Bausteine	3 Typ	4 Nutzen
	Kleinbausteine: Hubwähler Drehwähler Prüfgeräte usw.	4	B
Elektronische Meßplätze	Schwingungsaufnehmer Oszillograph Frequenzfilter Zählgerät Stroboskop usw.	3	B
Transistor-Steuerung	Widerstände Transistoren Dioden gedruckte Schaltungen Steckleisten Schutzhaube	4	H, B
Einschübe	Gestell Transistor-Bausteine	4	H, B
Schränke	Einschübe Gestell	4	H, B
14. Bautechnik:			
Abflußleitungen	Betonrohre	3	B
Mauern	Ziegelsteine	1	B
Rohrgerüste	Rohre Schellen Fußrollen	3	B
Schalungsträger	Gitterträger Profileisen	3	B
Dachgerippe	Binder verschiedener Art und Größe	3	B
Lagerhallen	Stützen Binder Pfetten Wellblechplatten	3	B
Lagerregale	Winkelprofile Schrauben	6	B
Fertighäuser	Bodenplatten Wandplatten Türen Fenster Dachplatten	3	B
15. Möbel:			
Kücheneinrichtungen	Herde Kühlschränke Spültische Schränke Arbeitstische usw.	3	B

1 Baukasten	2 Bausteine	3 Typ	4 Nutzen
Anbauschränke	Schränke verschiedener Höhe, Breite, Einrichtung usw.	3	B
Büroschränke	Schränke verschiedener Höhe, Breite, Einrichtung, Art usw.	3	B
16. Spielwaren:			
Kinderrad	Großbaustein: Fahrrad Kleinbausteine: Umbauteile zum Roller Tretroller Rad mit Beiwagen Rad mit Anhänger	5	B
Metallbaukasten	Großbausteine: Flacheisen Winkeleisen Scheiben Platten Räder usw. Kleinbausteine: Schrauben Muttern Gewindestifte usw.	6	B
Holz- oder Steinbaukasten	Großbausteine: Torbogen Säulen usw. Kleinbausteine: Würfel Quader Pyramiden Prismen usw.	4,3	B
Spielzeug-Eisenbahn	Lokomotiven Wagen Schienen Kreuzungen Weichen Signale Tunnel Bahnhöfe usw.	3	B
17. Drucktechnik:			
Setzkasten	Lettern	3	B
Rotationspressen	Druckwerke Farbwerke usw.	8	B

1 Baukasten	2 Baustein	3 Typ	4 Nutzen
18. Musikinstrumente:			
Orgel	Nicht-Baustein:		
	Grundinstrument		
	Kleinbausteine:		
	Orgelpfeifen	7	H
Klavier	Nicht-Baustein:		
	Gehäuse		
	Kleinbausteine:		
	Saiten		
	Tasten		
	Anschläge usw.	7	H

Sachverzeichnis

721/13/61

GPSR Compliance

The European Union's (EU) General Product Safety Regulation (GPSR) is a set of rules that requires consumer products to be safe and our obligations to ensure this.

If you have any concerns about our products, you can contact us on ProductSafety@springernature.com

In case Publisher is established outside the EU, the EU authorized representative is:

Springer Nature Customer Service Center GmbH
Europaplatz 3
69115 Heidelberg, Germany

Batch number: 10682421

Printed by Printforce, the Netherlands